“校企合作+职业素养+能力提升”系列教材

电梯维修与保养一体化工作页

主　编　陆锡都

副主编　吴俊华　越小炯　韦明劭　李卿元　潘　宇

参　编　陈　就　黄冬梅　魏红梅

電子工業出版社

Publishing House of Electronics Industry

北京 • BEIJING

内 容 简 介

本书把电梯维修与保养过程中的安全要素放在首位，同时融入思政元素，主要内容包括电梯机房、井道及底坑、轿厢、层站四大空间和曳引系统、导向系统、轿厢系统、门系统、重量平衡系统、电力拖动系统、电气控制系统、安全保护系统八大系统的结构，以及其作用、维修与保养，维修内容侧重电气控制系统，保养内容覆盖《电梯维护保养规则》（TSG T5002—2017）中的半月保养、季度保养、半年保养、年度保养。

本书根据电梯维修与保养中的岗位需求及其典型工作任务编写而成，采用项目引领、任务驱动、实境操作的教学模式，开展知识教学和技能训练，每个任务采用先引导学生思考后加以实践的方式，学习环节包括知识获取、技能操作、成果展示、学习评价。

本书可供中等职业院校电梯安装与维修保养专业、机电技术应用专业、电气设备运行与控制专业二年级学生或教育培训机构的学员使用。

图书在版编目（CIP）数据

电梯维修与保养一体化工作页 / 陆锡都主编. —北京：电子工业出版社，2024.1

ISBN 978-7-121-47071-4

Ⅰ. ①电… Ⅱ. ①陆… Ⅲ. ①电梯－维修－职业教育－教材 ②电梯－保养－职业教育－教材 Ⅳ. ①TU857

中国国家版本馆CIP数据核字（2024）第013155号

责任编辑：张　凌
印　　刷：中煤（北京）印务有限公司
装　　订：中煤（北京）印务有限公司
出版发行：电子工业出版社
　　　　　北京市海淀区万寿路173信箱　　　邮编　100036
开　　本：880×1230　1/16　印张：8.5　字数：229 千字
版　　次：2024 年 1 月第 1 版
印　　次：2024 年 1 月第 1 次印刷
定　　价：36.00 元

凡所购买电子工业出版社图书有缺损问题，请向购买书店调换。若书店售缺，请与本社发行部联系，联系及邮购电话：（010）88254888，88258888。

质量投诉请发邮件至zlts@phei.com.cn，盗版侵权举报请发邮件至dbqq@phei.com.cn。

本书咨询联系方式：（010）88254583，zling@phei.com.cn。

前 言

《国家职业教育改革实施方案》提出了“教师、教材、教法”三教改革任务，其中教师是根本，教材是基础，教法是途径，三者形成一个整体，解答了“谁来教、教什么、如何教”的教育根本问题，以培养满足行业企业需求的复合型、创新型高素质技术人才。

广西职业教育电气运行与控制专业群发展研究基地参研团队在对“政、行、企、校”等方面进行调研的基础上编写了本书。本书落实“教材”改革要求，实施“教材”内容模块化、活页化，融合《电梯制造与安装安全规范》（GB/T 7588—2020）、《电梯维护保养规则》（TSG T5002—2017）、《电梯、自动扶梯和自动人行道维修规范》（GB/T 18775—2009）等国家电梯技术规范和电梯安装维修工等级证书考试大纲内容，加强与电梯维修与保养岗位的联系，突出应用性与实践性，适应新技术、新规范、新标准，促进学习内容与学习方式变化；与微课视频等数字化教学资源配套，形成“活页纸质学习工作页+多媒体平台”的新形态一体化教学工作页；以“行动导向教学法”为手段，在真实环境中开展教学，实现企业车间与实训教学一体化、实训任务与生产任务一体化，提高学生的专业能力、方法能力和社会能力。

本书以亚龙 YL-777 型电梯安装、维修、保养实训考核装置为实操学习平台，适应学生能力层次、职业资格等级的不同，根据电梯的运行规律，在对南宁市安全生产宣传教育中心、广西欧日电梯服务集团有限公司、迅达（中国）电梯有限公司广西分公司、广西东信电梯工程有限公司等单位开展电梯维修与保养过程中安全要素、工作岗位特点进行调研的基础上，提炼电梯维修与保养的典型任务，实施不同层次的能力培养和模块教学，在各模块中体现实境育人、任务驱动、循序渐进的知识体系。具体知识架构如下图所示。

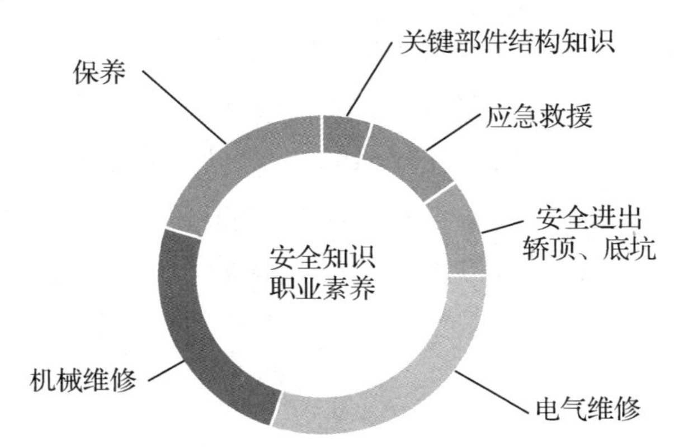

建议学时安排如下：

内容	学习任务	建议学时
一、安全知识	任务一　认识电梯关键部件的结构及作用	2 学时
	任务二　开展电梯应急救援操作	2 学时
	任务三　开展进出电梯轿顶和底坑操作	1 学时
二、电气维修	任务四　修复电源控制回路故障	4 学时
	任务五　修复安全回路故障	4 学时
	任务六　修复门锁回路故障	4 学时
	任务七　修复主控系统故障	12 学时
	任务八　修复电梯开关门电路系统故障	4 学时
三、机械维修	任务九　修复电梯制动器故障	8 学时
	任务十　修复层门系统故障	6 学时
	任务十一　修复电梯不平层故障	5 学时
	任务十二　曳引绳的检查与更换	4 学时
四、电梯保养	任务十三　电梯保养——半月保养项目	4 学时
	任务十四　电梯保养——季度保养项目	4 学时
	任务十五　电梯保养——半年保养项目	4 学时
	任务十六　电梯保养——年度保养项目	4 学时
总学时		72 学时

本书编写人员及其单位信息如下：

姓名	单位	重点任务
陆锡都	南宁市第一职业技术学校	各任务维修操作主体内容
韦明劭	南宁市安全生产宣传教育中心	安全知识、职业素养
李卿元	南宁市第一职业技术学校	电梯半月、季度保养，安全知识
吴俊华	南宁市第一职业技术学校	各任务维修知识锦囊、电梯电气维修
越小炯	南宁市第一职业技术学校	电梯制动器、层门系统维修
魏红梅	广西欧日电梯服务集团有限公司	国家电梯技术规范（标准）指导
陈就	南宁市第一职业技术学校	电梯门系统维修
潘宇	南宁市第一职业技术学校	电梯半年、年度保养
黄冬梅	南宁市第一职业技术学校	电梯主控系统维修

本书得到了广西加工制造业职业教育教学指导委员会、广西电梯协会，以及南宁市安全生产宣传教育中心、广西欧日电梯服务集团有限公司、南宁市第一职业技术学校专业建设指导委员会专家的指导，他们对本书提出了宝贵的意见。本书得到了广西职业教育专业群（电气运行与控制专业群）发展研究基地项目专项资金的支持，在此表示衷心感谢！

在编写过程中，编者参阅了国内外出版的有关资料，欢迎广大读者及同行对本书提出意见或建议。

编　者

目 录

任务一 认识电梯关键部件的结构及作用

任务目标

1. 了解电梯关键部件的名称。
2. 了解电梯关键部件的安装位置。
3. 了解电梯关键部件所属的系统。
4. 了解电梯关键部件的作用及工作原理。

任务描述

根据电梯关键部件的名称，明确其安装位置，判断其所属的系统，熟记其作用及工作原理。

工作流程与活动

1. 参观实物电梯、仿真电梯，结合图片进行小组讨论，填写电梯结构信息表。
2. 小组代表介绍电梯各关键部件的作用及工作原理。

学习活动 明确电梯各关键部件的结构及作用

学习目标

1. 了解电梯四大空间中关键部件的名称及安装位置。
2. 明确电梯八大系统包含的关键部件。
3. 能描述电梯四大空间、八大系统中关键部件的作用及工作原理。

建议学时

2 学时。

学习准备

电梯、互联网、学习资料。

学习过程

一、知识获取

（1）电梯四大空间。

① 机房空间。

机房空间的主要部件有供电系统、曳引机、导向轮、控制柜系统、限速器等。

② 井道及底坑空间。

井道及底坑空间的主要部件有导轨及其支架、端站保护开关、张紧装置、隔磁板、缓冲器等。

③ 轿厢空间。

轿厢空间的主要部件有轿厢架、轿厢体、轿厢门、位置显示装置、平层感应器、安全钳、安全触板、电梯超载限制装置、开门机装置等。

④ 层站空间。

层站空间的主要部件有层门、层门门锁、位置显示装置等。

（2）电梯八大系统。

① 曳引系统。

曳引系统的主要功能是输出与传递动力，使电梯运行。曳引系统主要由曳引机、曳引绳、导向轮、反绳轮组成。

② 导向系统。

导向系统的主要功能是限制轿厢和对重的活动自由度，使轿厢和对重只能沿着导轨做升降运动。导向系统主要由导轨、导靴和导轨支架组成。

③ 轿厢系统。

轿厢系统的主要功能是运送乘客和货物，是电梯的工作部分。轿厢系统由轿厢架和轿厢体组成。

④ 门系统。

门系统的主要功能是封住层站入口和轿厢入口。门系统由轿厢门、层门、开门机装置、门锁装置组成。

⑤ 重量平衡系统。

重量平衡系统的主要功能是相对平衡轿厢质量，在电梯工作过程中使轿厢与对重间的质量差保持在限额之内，保证电梯的曳引传动正常。重量平衡系统主要由对重和重量补偿装置组成。

⑥ 电力拖动系统。

电力拖动系统的主要功能是提供动力，进行电梯速度控制。电力拖动系统由曳引电动机、供电系统、速度反馈装置、电动机调速装置等组成。

⑦ 电气控制系统。

电气控制系统的主要功能是对电梯的运行进行操纵和控制。电气控制系统主要由操纵装置、位置显示装置、控制柜（屏）、平层装置、选层器等组成。

⑧ 安全保护系统。

安全保护系统的主要功能是保证电梯的安全使用，防止一切危及人身安全的事故发生。安全保护系统由限速器、安全钳、缓冲器、安全触板、层门门锁、电梯安全窗、电梯超载限制装置、限位开关组成。

（3）观察电梯。

根据观察结果，填写电梯结构信息表（见表 1-1）。

表 1-1　电梯结构信息表

序号	部件	安装位置	所属系统	作用/工作原理
1	减速箱			
2	曳引轮			
3	导向轮			
4	限速器			
5	导轨及其支架			
6	曳引绳			
7	隔磁板			
8	强迫减速开关			
9	限位开关			
10	极限开关			
11	导靴			
12	轿厢架			
13	轿厢门			
14	安全钳			
15	安全钳联动机构			
16	导轨			
17	绳头组合			
18	对重			
19	张紧装置			
20	缓冲器			
21	底坑			
22	层门			
23	呼梯盒			
24	位置显示装置			
25	随行电缆			
26	开门机装置			
27	平层感应器			
28	控制柜			
29	曳引电动机			
30	制动器			

二、技能操作

（1）根据电梯整体结构图（见图 1-1），填写电梯结构及其作用表（见表 1-2）。

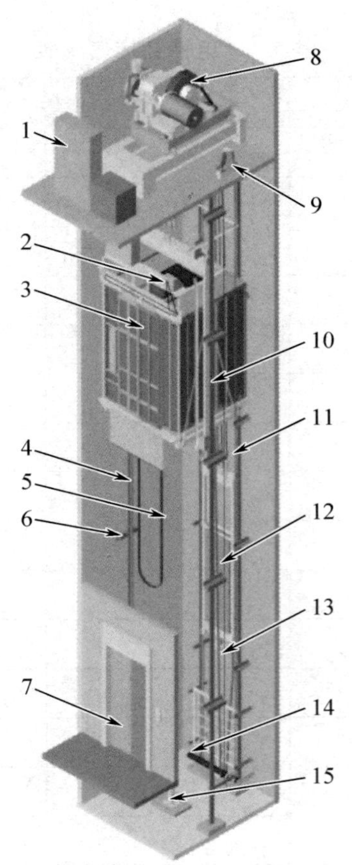

图 1-1　电梯整体结构图

表 1-2　电梯结构及其作用表

序号	名称	作用
1		
2		
3		
4		
5		
6		
7		
8		
9		
10		
11		
12		
13		
14		
15		

（2）根据电梯曳引机的结构图（见图 1-2），填写电梯曳引机的结构及其作用表（见表 1-3）。

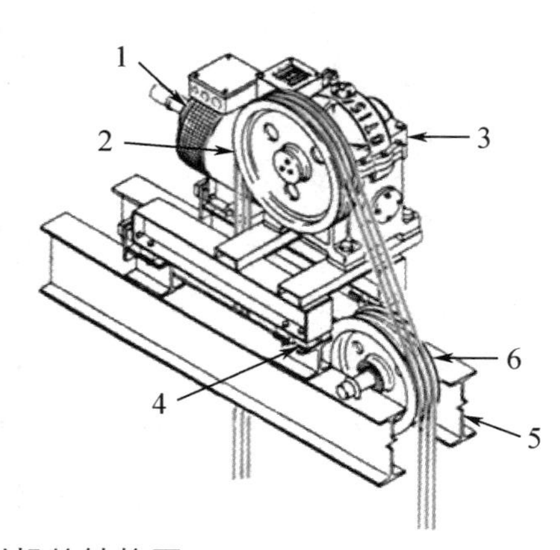

图 1-2　电梯曳引机的结构图

表 1-3　电梯曳引机的结构及其作用表

序号	名称	作用
1		
2		
3		
4		
5		
6		

（3）根据电梯井道部分的结构图（见图 1-3），填写电梯井道部分的结构及其作用表（见表 1-4）。

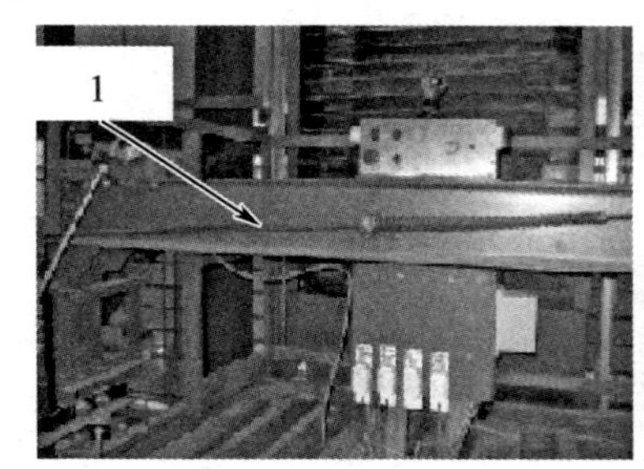

图 1-3　电梯井道部分的结构图

表 1-4　电梯井道部分的结构及其作用表

序号	名称	作用
1		
2		
3		

三、成果展示

小组代表回答：

第一组：电梯机房空间有哪些部件？其作用分别是什么？

第二组：电梯井道及底坑空间有哪些部件？其作用分别是什么？

第三组：电梯轿厢空间有哪些部件？其作用分别是什么？
第四组：电梯层站空间有哪些部件？其作用分别是什么？
第五组：电梯八大系统包括哪些系统？其部件有哪些？

四、学习评价

在本学习活动中，通过参观实物电梯、仿真电梯，结合图片，学生明确了电梯各关键部件的名称、安装位置、所属系统，以及其作用、工作原理。根据活动过程评价表（见表 1-5）中的评价要点，开展自评、互评、教师评工作。

表 1-5　活动过程评价表

姓名：　　　　　　组别：　　　　　　日期：

序号	评价要点	配分	自评	互评	教师评	总评
1	能明确所有关键部件的安装位置	15				
2	能明确所有关键部件的作用及工作原理	25				
3	能看图辨别电梯关键部件	25				
4	能描述电梯四大空间、八大系统的构成	25				
5	能体现团队合作意识	10				
小结与建议：						

任务二 开展电梯应急救援操作

任务目标

1. 能开展断电锁闭操作。
2. 能规范开展电梯应急救援操作。

任务描述

电梯出现故障，有人员被困，需要应急救援。

工作流程与活动

1. 开展断电锁闭操作。
2. 开展应急救援操作。

学习活动一 开展断电锁闭操作

学习目标

能规范开展断电锁闭操作。

建议学时

1 学时。

学习准备

电梯、互联网、学习资料。

学习过程

一、知识获取

熟记电梯断电锁闭安全操作要求（见表 2-1）。

表 2-1 电梯断电锁闭安全操作要求

工序号	工序	工作内容	操作要求
1	到达现场	工具配备齐全	准备好工作服、安全帽、手套、工作鞋、工具箱等
2	工作准备	进入机房，打开机房照明	借助五方通话系统呼叫并打开检修开关，上、下运行电梯，确认轿厢内、底坑里无人
3	设置护栏及警示标志	通知相关人员电梯锁闭/警示的原因。 打开检修开关，在基站、轿厢内放置护栏及警示标志	借助五方通话系统呼叫并打开检修开关，上、下运行电梯，确认轿厢内、底坑里无人

续表

工序号	工序	工作内容	操作要求
4	验证电气测量工具	常见的电气测量工具为万用表，验证其交流挡、两表笔是否有效	在已知的、明确标注有 AC 220V 电压处，验证万用表的交流挡是否有效；如果是数字万用表，需把挡位置于“通断”挡，对接两表笔，查看是否有蜂鸣声，以验证两表笔是否有效
5	侧身断电	断开主电源、上锁； 锁闭主电源配电箱	断电：先断高压电后断低压电； 送电：先送低压电后送高压电； 侧身且手心内侧正对开关手柄
6	验电	验证主接线桩电压； 验证终端电压，进线 R、S、T 端电压	先验证每一相对地的电压，再验证相与相之间的电压（线电压）。 特别注意验证：配电箱主空开、照明空开的下端电压；控制柜 R、S、T 端电压。 在变频器充电指示灯熄灭约 5 分钟后再验证变频器直流母线侧的直流电压（充电电容）
7	断电锁闭	锁紧主电源配电箱	使用专用的锁具锁紧，悬挂标牌，标牌上写明姓名、日期、时间，若有多人操作，则每人都要装上自己的配锁及标牌
8	解锁送电	工作完成后解锁送电，并试运行电梯	使电梯处于紧急电动运行状态，测试电梯慢车运行是否正常； 送电时先送低压电后送高压电，且保证 1.5m 范围内无人
9	正常运行	电梯恢复正常运行	上、下运行几分钟，若无异常，则可交接电梯

二、技能操作

根据电梯断电锁闭安全操作要求，按工序开展断电锁闭操作。

三、成果展示

小组代表介绍电梯断电锁闭的操作过程。

四、学习评价

在本学习活动中，通过按照电梯断电锁闭安全操作要求进行操作，学生认识了断电锁闭的操作过程。根据活动过程评价表 1（见表 2-2）中的评价要点，开展自评、互评、教师评工作。

表 2-2　活动过程评价表 1

姓名：　　　　组别：　　　　日期：

序号	评价要点	配分	自评	互评	教师评	总评
1	工具齐全，正确设置环境安全警示	25				
2	正确验证电气测量工具	25				
3	规范实施断电操作	15				
4	正确完成断电锁闭	15				
5	正确解锁慢车、快车运行	10				
6	能体现团队合作意识	10				
小结与建议：						

学习活动二　应急救援操作过程

学习目标

能规范开展电梯应急救援操作。

建议学时

1 学时。

学习准备

电梯、互联网、学习资料。

学习过程

一、知识获取

熟记电梯应急救援操作要求（见表 2-3）。

表 2-3　电梯应急救援操作要求

工序号	工序	工作内容	操作要求
1	到达现场	工具配备齐全	准备好工作服、安全帽、手套、工作鞋、工具箱等
2	工作准备	进入机房，打开机房照明	借助五方通话系统呼叫并打开检修开关，上、下运行电梯，确认轿厢内、底坑里无人
3	设置护栏及警示标志	在基站、轿厢内、工作层放置护栏及警示标志	借助五方通话系统呼叫并打开检修开关，上、下运行电梯，确认轿厢内、底坑里无人
4	确认被困人员所在的楼层	借助五方通话系统咨询轿厢内被困人员、物业，或者根据曳引绳的楼层标记确认被困人员所在位置	① 安抚被困人员的情绪； ② 提示被困人员不要靠近轿厢门，不要试图通过强行扒开轿厢门而离开轿厢； ③ 工作人员到达现场后，根据楼层显示确定轿厢所在位置。注意：在不停电情况下，可根据楼层显示确定轿厢所在的位置；在停电情况下，工作人员可用钥匙把门打开 1/4，即 200～300mm，接着用手电筒查看，以确定电梯轿厢所在的位置，然后将门关闭
5	救援方式	紧急电动控制电梯救援、盘车救援或溜车救援	
6	若电梯能紧急电动运行	确认位置、安抚被困人员、断电锁闭、放人	确定轿厢所在的位置，借助五方通话系统安抚被困人员，使电梯紧急电动运行至平层位置，实施断电锁闭，去平层楼层放人
7	若电梯不能紧急电动运行，则开展盘车救援	确认位置、放置护栏、安抚被困人员、断电锁闭、放人	按照曳引绳的楼层标记，盘车电梯，可在平层位置±50mm 处，实施断电锁闭后，到相应楼层开展救援。 盘车规范：装上盘车手轮，一人握住盘车手轮，另一人手持制动闸释杆，轻轻松开制动器，轿厢将会由于自重而移动。操作时，应两人配合，断续（松、停）操作，使轿厢慢慢移动，直至到达平层位置为止。 若轿厢停在最高层电梯层门以上位置，不可只松开制动器，使轿厢自行移动，而应在松开制动器的同时，握紧盘车手轮让轿厢往正确的方向慢慢移动

续表

工序号	工序	工作内容	操作要求
8	救援结束	确认轿厢门、层门关闭，试运行电梯，判断电梯的工作状态	若电梯不能恢复正常运行，则开展维修操作
9	记录	由电梯使用单位进行记录或由维修人员进行记录	

二、技能操作

根据应急救援操作图解，开展应急救援操作。

（1）看图回答问题。

判断查看轿厢位置动作图（见图2-1）、断电锁闭动作图（见图2-2）中的动作是否规范。若不规范，存在哪些安全隐患？

图2-1　查看轿厢位置动作图

图2-2　断电锁闭动作图

（2）将制动闸释杆与制动器对接，做好解救前的检查准备工作，如图2-3所示。

稳固盘车手轮，由手握盘车手轮的人员发出“松”“停”指令，操作制动闸释杆的人员执行“松”“停”操作，手握盘车手轮的人员盘车时，交替换手，保证有一只手不脱离盘车手轮，如图2-4所示。此外，使电梯轿厢往上盘车时，不能持续松制动闸释杆，任由轿厢持续上行。

图2-3　放置制动闸释杆

图2-4　盘车动作

当轿厢移动到相应楼层时，由工作人员用专用钥匙开门，协助被困人员安全快速地离开轿厢，如图2-5所示。

图 2-5　救援

★回答问题

盘车时，如何判断电梯已经移动到平层位置？

三、成果展示

小组代表介绍电梯盘车救人的操作过程。

四、学习评价

在本学习活动中，通过按照电梯应急救援操作要求进行操作，学生了解了电梯应急救援操作的流程。根据活动过程评价表 2（见表 2-4）中的评价要点，开展自评、互评、教师评工作。

表 2-4　活动过程评价表 2

姓名：　　　　　　　　组别：　　　　　　　　　　　　　　日期：

序号	评价要点	配分	自评	互评	教师评	总评
1	正确放置护栏（基站、救援楼层）	10				
2	准确确定轿厢所在位置、联系被困人员	10				
3	能确定救援方式	10				
4	能控制电梯、安抚被困人员	10				
5	正确实施断电锁闭、挂牌操作	10				
6	能紧急电动运行电梯，将其盘车到平层位置	10				
7	能再次确认轿厢所在位置	10				
8	能通知轿厢内的被困人员准备开门	10				
9	能用专用钥匙开门，救援被困人员	10				
10	能体现团队合作意识	10				
小结与建议：						

任务三　开展进出电梯轿顶和底坑操作

任务目标

能规范进出电梯轿顶、底坑。

任务描述

练习进出电梯轿顶、底坑。

工作流程与活动

根据图示，练习进出电梯轿顶、底坑。

学习活动　进出电梯轿顶、底坑实践

学习目标

能规范进出电梯轿顶、底坑。

建议学时

1 学时。

学习准备

电梯、互联网、学习资料。

学习过程

一、知识获取

维修人员进入电梯轿顶前需要验证三个电气开关的有效性，分别是门锁电气开关、轿顶急停开关、轿顶检修开关；进入底坑前需要验证三个电气开关的有效性，分别是门锁电气开关、底坑上急停开关、底坑下急停开关。

二、技能操作

根据进出电梯轿顶、底坑的操作步骤，开展练习。

操作一　进入电梯轿顶

进入电梯轿顶的前期准备工作如下。

（1）准备好劳保用具：安全帽、工作服、工作鞋、手套等。

（2）机房：打开井道照明。

（3）基站：放置护栏、警示标志。

进入电梯轿顶的规范及步骤如下。

（1）按下进入层的下一层及底层的内呼。

第一步：寻找适当的进入层，如图 3-1 所示。

第二步：进入轿厢，按下下一层及底层的内呼，然后退出轿厢，如图 3-2 所示。

注意：当按下轿厢内的内呼时，整个身体都在轿厢内。

详解：按下下一层及底层的内呼的目的是防止门锁电气开关失效，抓梯失败，或者有人在高层呼梯使得电梯上升，进而造成人员伤亡。

图 3-1　到达进入层

图 3-2　按下内呼

（2）测试门锁电气开关的有效性。

第三步：抓梯，即当电梯下行时，在合适位置打开层门至两门扇相距 100mm，如图 3-3 所示。

第四步：放置顶门器，如图 3-4 所示。

图 3-3　抓梯

图 3-4　放置顶门器（1）

要求：

① 合适位置指方便操作轿顶急停开关和容易进入电梯轿顶的位置，且距离所在楼层地坎

±200mm 内，建议电梯轿顶高于地坎位置。

② 安全操作：左手打开层门，右手扒开门缝不超过 100mm，观察电梯的运行情况。

③ 当电梯停止时，其不能处于平层状态，否则视为抓梯失败。

④ 当用顶门器顶门时，门缝不超过 100mm。

第五步：当层门处于第四步状态时，按下层门外呼并等待 10s，观察电梯，若电梯不动，则说明门锁电气开关有效，如图 3-5 所示。

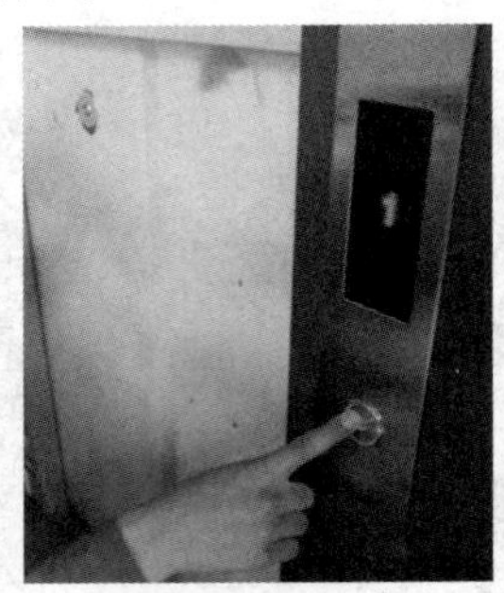

图 3-5　按下层门外呼并等待 10s（1）

（3）验证轿顶急停开关的有效性。

第六步：重新打开层门，放置顶门器，固定层门，如图 3-6 所示。

第七步：将手伸进井道，打开轿顶灯，按下轿顶急停开关，如图 3-7 所示。

图 3-6　固定层门

（a）

（b）

图 3-7　打开轿顶灯及按下轿顶急停开关

注意：

① 打开层门时，左手必须扶住层门外的固定部件，右手按下轿顶急停开关。

② 关闭层门时，动作不要太快，可用穿着工作鞋的脚顶在层门地坎中间，待层门的两门扇相距 100mm 时，再双手关门。

第八步：关门后，按下层门外呼并等待 10s，观察电梯，若电梯不动，则说明轿顶急停开关有效，如图 3-8 所示。

（4）验证轿顶检修开关的有效性。

第九步：重新打开层门，如图 3-9 所示。

第十步：放置顶门器，固定层门，如图 3-6 所示。

图 3-8　按下层门外呼并等待 10s（2）

图 3-9　打开层门（1）

第十一步：扶好并伸手开灯，然后打开轿顶检修开关，如图 3-10 所示。

第十二步：复位轿顶急停开关，如图 3-11 所示。

图 3-10　打开轿顶检修开关

图 3-11　复位轿顶急停开关（1）

第十三步：关门后，按下层门外呼并等待 10s，若电梯不动，则说明轿顶检修开关有效，如图 3-8 所示。

（5）在确保安全的情况下进入电梯轿顶。

第十四步：重新打开层门，如图 3-9 所示。

第十五步：放置顶门器，固定层门，如图 3-6 所示。

第十六步：扶好并将手伸进井道，打开轿顶灯，按下轿顶急停开关，随后就可以进入电梯轿顶，进行维修操作了。

（6）验证共通按钮及上、下行按钮的有效性。

第十七步：复位轿顶急停开关，如图 3-11 所示。

第十八步：按下单个下行按钮，若电梯不动，则表示下行按钮及共通按钮正常，如图 3-12 所示。

第十九步：按下单个上行按钮，若电梯不动，则表示上行按钮及共通按钮正常，如图 3-13 所示。

图 3-12　按下单个下行按钮

图 3-13　按下单个上行按钮

第二十步：同时按下共通按钮和下行按钮，如图 3-14 所示。在确认一切正常后，若可以在轿顶检修慢车运行电梯，使轿厢下行 200mm 左右，则说明下行按钮及共通按钮有效。

第二十一步：同时按下共通按钮和上行按钮，如图 3-15 所示，若可以在轿顶检修慢车运行电梯，使轿厢上行 200mm 左右，则说明上行按钮及共通按钮有效。

图 3-14　同时按下共通按钮和下行按钮

图 3-15　同时按下共通按钮和上行按钮

第二十二步：在确认一切正常后，可以在轿顶安全开展工作。在轿顶开展工作时，必须确保电梯始终处于检修状态，如图 3-16 所示。

图 3-16　检修状态

操作二　退出电梯轿顶

退出电梯轿顶的规范及步骤如下。

从非进入层退出电梯轿顶前必须要验证该层门门锁电气开关的有效性。

第一步：把轿厢运行到方便退出的层站后，将轿顶急停开关置于停止位置，如图 3-17 所示。

第二步：打开层门，如图 3-18 所示。

图 3-17　将轿顶急停开关置于停止位置

图 3-18　打开层门（2）

第三步：放置顶门器，如图 3-19 所示。

第四步：复位轿顶急停开关，如图 3-20 所示。

图 3-19　放置顶门器（2）

图 3-20　复位轿顶急停开关（2）

第五步：同时按下共通按钮和下行按钮，如图 3-14 所示，若电梯不动，则说明门锁电气开关正常。

第六步：同时按下共通按钮和上行按钮，如图 3-15 所示，若电梯不动，则说明门锁电气开关正常。

第七步：证实门锁电气开关有效后，重新将轿顶急停开关置于停止位置，如图 3-17 所示。然后安全退出轿顶，并以安全的方法恢复电梯正常服务。

第八步：打开层门，退出轿顶前，对外喊话警示“电梯即将开门，请勿靠近”，退出轿顶后，固定顶门器，如图 3-21 所示。

图 3-21　固定顶门器（1）

第九步：扶好并将手伸进井道，熄灭轿顶灯，如图 3-22 所示。

第十步：复位轿顶检修开关，如图 3-23 所示。

图 3-22　熄灭轿顶灯

图 3-23　复位轿顶检修开关

第十一步：复位轿顶急停开关，如图 3-11 所示。

第十二步：取走顶门器并关门，使电梯恢复服务，如图 3-24 所示。

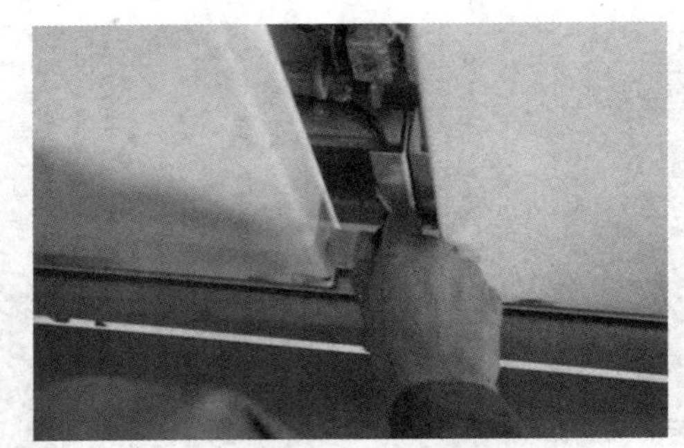
图 3-24 取走顶门器

操作三 进出电梯底坑

进出电梯底坑的规范及步骤如下。

（1）按下上一层及顶层的内呼。

第一步：到达底层，如图 3-25 所示。

第二步：进入轿厢，按下上一层及顶层的内呼，然后退出轿厢，如图 3-26 所示。

图 3-25 到达底层

图 3-26 按下上一层及顶层的内呼

（2）验证门锁电气开关的有效性。

第三步：在电梯上行时打开层门，如图 3-27 所示。

注意：电梯上行抓梯时，不要让电梯平层上一层。

第四步：放置顶门器，如图 3-28 所示。

图 3-27 打开层门（3）

图 3-28 放置顶门器（3）

第五步：放置顶门器时，需提防“八”字门造成两门扇的间隙过小，门锁出现闭合的风险，顶门器的放置位置如图 3-29 所示。

第六步：在层门处于第五步的状态时，按下层门外呼并等待 10s，如图 3-30 所示。若电梯不动，则说明门锁电气开关有效。

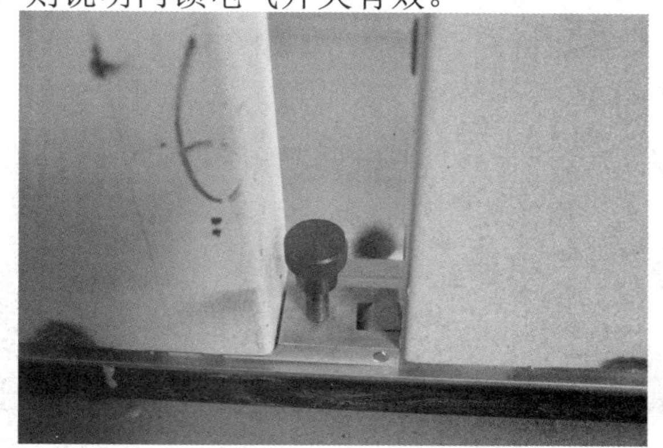

图 3-29　顶门器的放置位置

图 3-30　按下层门外呼并等待 10s（3）

（3）验证电梯底坑上急停开关的有效性。

第七步：重新打开层门，以标准的姿势顶住层门，如图 3-31 所示。

第八步：扶住墙壁，将手伸进井道，按下底坑上急停开关，如图 3-32 所示。

图 3-31　顶住层门

图 3-32　按下底坑上急停开关

第九步：关门后，按下层门外呼并等待 10s，如图 3-33 所示，若电梯不动，则说明底坑上急停开关有效。

（4）验证电梯底坑下急停开关的有效性。

第十步：重新打开层门，如图 3-27 所示。

第十一步：以标准的姿势拧紧顶门器，固定层门，如图 3-34 所示。

图 3-33　按下层门外呼并等候 10s（4）

图 3-34　拧紧顶门器

第十二步：沿爬梯进入电梯底坑，攀爬时需保持三点接触，如图 3-35 所示。

第十三步：按下底坑下急停开关，如图 3-36 所示。

第十四步：沿爬梯爬出电梯底坑，攀爬时需保持三点接触，如图 3-37 所示。

第十五步：关门后，按下层门外呼并等待 10s，若电梯不动，则说明底坑下急停开关有效。

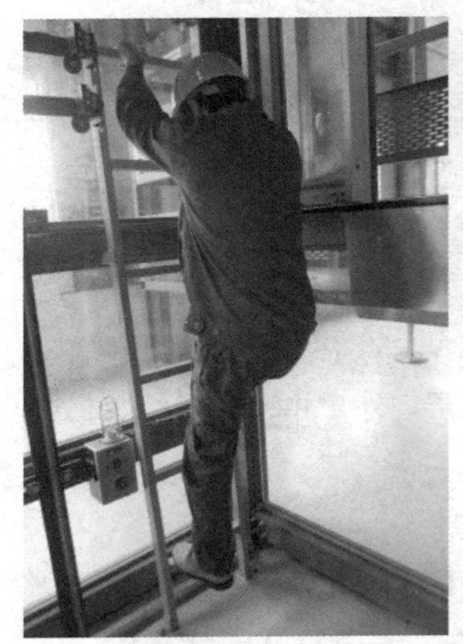

图 3-35　沿爬梯进入底坑

图 3-36　按下底坑下急停开关

图 3-37　沿爬梯爬出底坑

第十六步：重新打开层门，如图 3-27 所示。

第十七步：以标准姿势拧紧顶门器，固定层门，如图 3-34 所示。

第十八步：扶住墙壁，将手伸进井道，按下底坑上急停开关，重新将底坑上急停开关置于停止位置，如图 3-32 所示。

第十九步：沿爬梯进入电梯底坑，攀爬时需保持三点接触，如图 3-35 所示。

第二十步：在底坑作业时，将层门固定在最小的开门位置，需提防“八”字门造成两门扇的间隙过小，门锁出现闭合的风险，如图 3-29 所示。

★回答问题。

（1）进出电梯轿顶时，需要验证哪些开关？

（2）进出电梯底坑时，需要验证哪些开关？

三、成果展示

小组代表介绍进出电梯轿顶、底坑的操作过程。

四、学习评价

在本学习活动中，学生通过按照进入电梯轿顶、底坑的规范及步骤进行操作，明确了进入电梯轿顶、底坑的流程。根据活动过程评价表（进出电梯轿顶）（见表 2-5）、活动过程评价表（进出电梯底坑）（见表 2-6）中的评价要点，开展自评、互评、教师评工作。

表 2-5　活动过程评价表（进出电梯轿顶）

姓名：　　　　组别：　　　　日期：

序号	评价要点	配分	自评	互评	教师评	总评
1	安全劳保用品准备齐全，正确放置护栏及警示标志	10				
2	正确抓梯并确认电梯位置； 轿顶距离层门地坎±200mm； 门缝不超过 100mm	15				
3	正确放置顶门器	15				
4	正确验证门锁电气开关的有效性，观察电梯的状态	10				
5	正确验证轿顶急停开关的有效性	10				
6	正确验证轿顶检修开关的有效性	10				
7	正确进入电梯轿顶	5				
8	正确验证上、下行按钮及共通按钮的有效性	10				
9	正确开展轿顶工作	5				
10	正确退出电梯轿顶	5				
11	能体现团队合作意识	5				
小结与建议：						

表 2-6　活动过程评价表（进出电梯底坑）

姓名：　　　　组别：　　　　日期：

序号	评价要点	配分	自评	互评	教师评	总评
1	安全劳保用品准备齐全，正确放置护栏及警示标志	10				
2	正确抓梯并确认电梯位置； 电梯不能平层上一层； 门缝不超过 100mm	15				
3	正确放置顶门器	15				
4	正确验证门锁电气开关的有效性，观察电梯的状态	15				
5	正确验证底坑上急停开关的有效性	15				
6	正确验证底坑下急停开关的有效性	10				
7	正确进入电梯底坑，开展作业	5				
8	正确退出电梯底坑	10				
9	能体现团队合作意识	5				
小结与建议：						

任务四　修复电源控制回路故障

任务目标

1. 能说出电源控制回路的工作原理，能判断电梯故障是否属于电源控制回路故障。
2. 补充完成电源控制回路检测流程图。
3. 能检测电源控制回路，判断电源控制回路出现故障的原因。
4. 能修复电源控制回路故障涉及的线路及元器件。

任务描述

案例：

电梯维保公司接到物业反馈，小区电梯在使用过程中，乘客想进入电梯，按下电梯外呼，电梯没有反应，层站无任何显示，请维修人员解决此电梯故障。

任务：

维修人员进入电梯机房，查看电梯控制柜中电气设备的状态，判断电梯故障范围，结合电源控制回路电气原理图（见图 4-1），说出电源控制回路的工作原理，补充完成电源控制回路检测流程图；选择合适的检测工具，结合多种检测方法，判断电源控制回路出现故障的原因；选择合适的工具、配件、材料，修复电源控制回路故障涉及的线路及元器件。

工作流程与活动

1. 制订维修计划。

说出电源控制回路的工作原理，判断故障范围，补充完成电源控制回路检测流程图。

2. 检测并修复电源控制回路。

检测并修复电源控制回路，进行成果展示、学习评价。

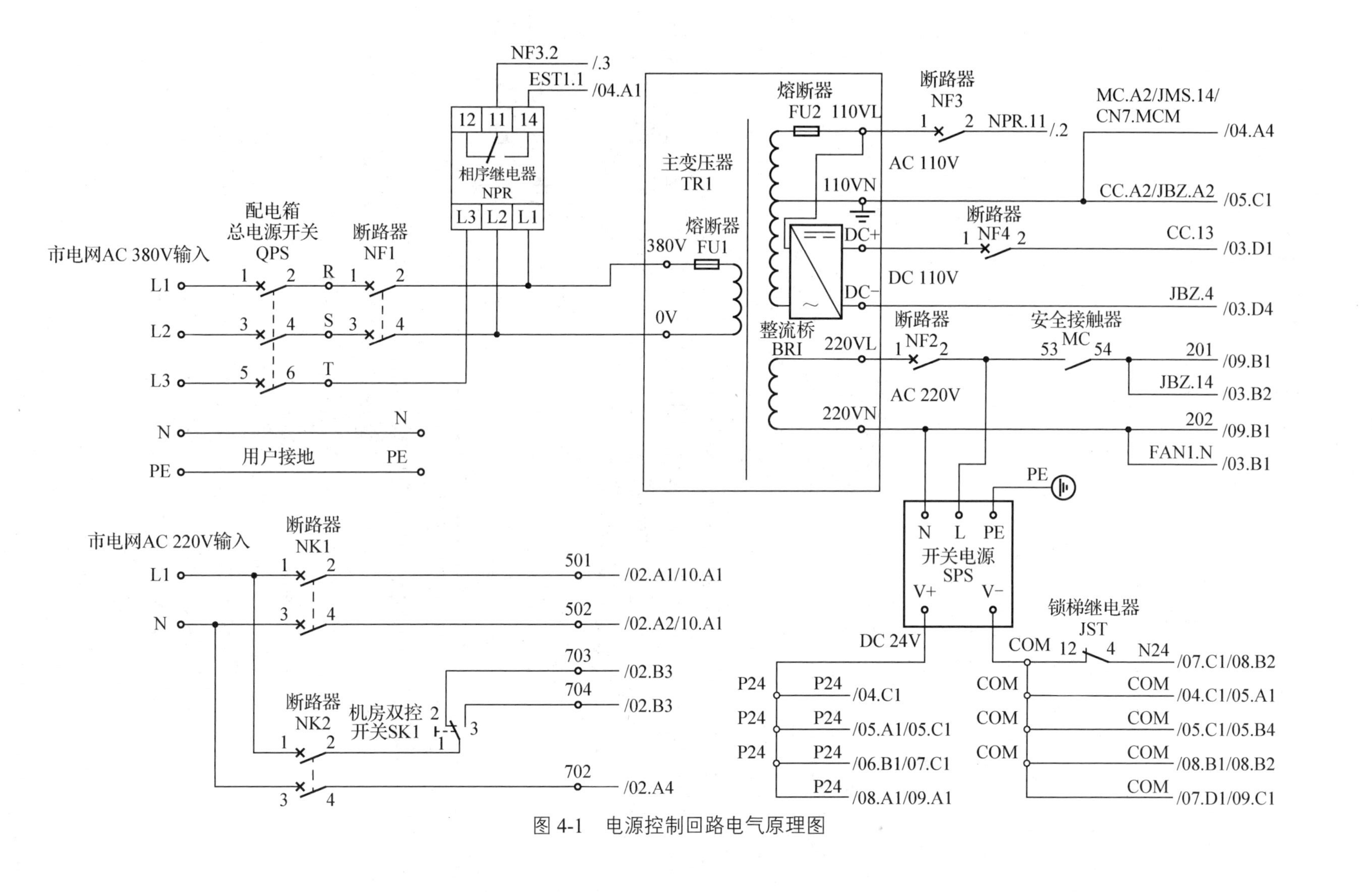

图 4-1　电源控制回路电气原理图

学习活动一　制订维修计划

学习目标

1. 能说出电源控制回路的工作原理。
2. 能判断电梯故障是否属于电源控制回路故障。
3. 能补充完成电源控制回路检测流程图。

建议学时

2 学时。

学习准备

万用表、电源控制回路电气原理图、参考资料。

学习过程

一、知识获取

1．填写电源控制回路工作原理中的关键信息。

电源控制回路电气原理图中三相交流电 L1、L2、L3 由______________供电，电压是________V；经开关____________、断路器___________分成两路电路，一路送到___________，一路送到__________。经主变压器 TR1 降压后，分成_________路电压输出，结合图 4-1 分析：

经过开关__________、___________，给_____________回路供电，电压是_______V。

经过开关__________、___________，给_____________回路供电，电压是_______V。

经过开关__________、___________，给_____________回路供电，电压是_______V。

经过开关__________、___________，给_____________回路供电，电压是_______V。

2．补充完成电源控制回路检测流程图。

把下面内容填到电源控制回路检测流程图（见图 4-2）相应的方框内。

① 用万用表交流 500V 挡测量配电箱总电源开关三相供电，是否有交流 380V 送电？

② 用万用表交流 500V 挡测量主变压器 TR1，是否有 380V 输入电压？

③ 相序继电器的工作灯是否点亮？

④ 相序继电器工作灯显示的颜色是否正常？

⑤ 用万用表交流挡测量主变压器 TR1，是否有交流电压 AC 110V 和 AC 220V 输出？

⑥ 用万用表直流挡测量主变压器 TR1，是否有直流电压 DC 110V 输出？

⑦ 用万用表直流挡测量断路器 NF4.2 端，是否有直流电压 DC 110V 输出？

⑧ 用万用表交流挡测量断路器 NF3.2 端，是否有交流电压 AC 110V 输出？

⑨ 用万用表交流挡测量断路器 NF2.2 端，是否有交流电压 AC 220V 输出？

⑩ 用万用表交流挡测量开关电源 SPS.L 端，是否有交流电压 AC 220V 输入？

⑪ 用万用表直流挡测量开关电源 SPS.V+端，是否有直流电压 DC 24V 输出？

否 检修市电网输入及总电源开关
是
否 对断路器NF1及其连接的线路进行检修
是
否 对相序继电器进行检修
是
否 调换任意两根相线

否 检修主变压器TR1
是
否 检修整流桥BR1
是
否 检修断路器NF4.2端及其连接的线路
是
否 检修断路器NF3.2端及其连接的线路
是
否 检修断路器NF2.1端及其连接的线路
是
否 检修断路器NF2.2端及其连接的线路
是
否 检修开关电源SPS及锁梯继电器JST

图 4-2　电源控制回路检测流程图

3．知识问答。

扫描下方二维码，观看微课视频。

✬问：电源控制回路中各器件的作用是什么？

✸答：

① 配电箱总电源开关的作用是接通、分断电路，实现短路、过载保护。

② 相序继电器在电路中起缺相、错相保护作用。

③ 主变压器的作用是将高压变为低压（由 AC 380V 变为 AC 110V、DC 110V、AC 220V）。

④ 开关电源的作用是将 AC 220V 变为 DC 24V。

✬问：电源控制回路的各模块输出电压分别给哪里供电？

✸答：

① AC 110V 给安全回路供电。

② DC 110V 给制动器供电。

③ AC 220V 给门机和光幕供电。

④ DC 24V 给主板、内呼、外呼供电。

➽情景：

维修人员在机房给电梯通电后，查看控制柜中各电路系统的运行情况，经过观察发现安全接触器 MC 吸合，说明交流供电正常；但主板信号灯不亮，说明主板供电回路异常。

✮问：应用什么测量工具检测主板的供电回路？

✷答：万用表。

✮问：选用万用表的什么挡位来进行检测？

✷答：主板供电电压是 DC 24V，所以选用万用表的直流挡进行检测。

➽图纸模拟检测：

（1）将万用表的红表笔接至开关电源的 V+端，将黑表笔接至开关电源的 V−端。

（2）查看万用表显示的电压，若没有电压，则将检测点往前移，测量开关电源的输入端 L、N，开关电源的输入电压应是 AC 220V，把万用表调至交流 700V 挡，若检测结果仍是没有电压，则将检测点继续往前移，直至找到有电压与没有电压之间的线路，该线路即是故障点所在的位置。

➽实物测量示例：

（1）若测得开关电源输出端 V+、V−没有电压，则缩小故障范围，将检测点往前移。

（2）当万用表检测到断路器 NF2.1 端有电压，NF2.2 端没有电压时，根据有电压与没有电压之间的线路是故障点所在的位置可知，故障点是断路器 NF2。

（3）用电阻测量法测量，验证断路器 NF2 的好坏。

先对电梯进行断电，把万用表调至电阻挡或者通断挡，将一个表笔接至 NF2.1 端，另一个表笔接至 NF2.2 端，查看万用表显示的电阻值，若电阻值为无穷大，则表明断路器 NF2 已经损坏。

二、技能操作

1．判断故障范围。

维修人员到达机房后，打开总电源箱，查看电源供电情况；打开控制柜，查看各路空开的工作情况，测量各路空开的供电情况。对各项目的检查如下。

（1）观察，回答问题。

① 总电源箱的电源开关是否上闸送电？

② 相序继电器的工作灯是否正常点亮？

③ 主变压器 TR1 各路输出端的断路器是否闭合？

（2）测量，回答问题。

选用万用表正确的挡位及量程实施以下测量项目。

① 断路器 NF3.2 端是否有 AC 110V 输出？（　　）（填写“是”或“否”）

进行本次测量时，万用表挡位选择_______，量程选择______，万用表黑表笔放置的位置是_____，即参考点。

② 断路器 NF4.2 端是否有 DC 110V 输出？（　　）（填写“是”或“否”）

进行本次测量时，万用表挡位选择_______，量程选择______，万用表黑表笔放置的位置是_____，即参考点。

③ 断路器 NF2.2 端是否有 AC 220V 输出？（　　）（填写“是”或“否”）

进行本次测量时，万用表挡位选择_______，量程选择______，万用表黑表笔放置的位置是_____，即参考点。

④ 开关电源 SPS.V+端是否有 DC 24V 输出？（　　）（填写“是”或“否”）

进行本次测量时，万用表挡位选择_______，量程选择______，万用表黑表笔放置的位置是_____，即参考点。

以上 4 路输出电路中，如果有 1 路或 1 路以上电路无电压输出，那么就可以判断是电源控制回路出现了故障。

三、成果展示

1．小组代表介绍电源控制回路的工作原理。

2．小组代表介绍本小组完成的电源控制回路检测流程图。

四、学习评价

在本学习活动中，学生通过学习电源控制回路的工作原理，补充完成电源控制回路检测流程图，可判断出电梯故障是否属于电源控制回路故障。根据活动过程评价表 1（见表 4-1）中的评价要点，开展自评、互评、教师评工作。

表 4-1　活动过程评价表 1

姓名：　　　　　　组别：　　　　　　　　　　日期：

序号	评价要点	配分	自评	互评	教师评	总评
1	能在制订维修计划时注意设备安全、人员安全要素	15				
2	能说出电源控制回路的工作原理	25				
3	能判断电梯故障是否属于电源控制回路故障	25				
4	补充完成电源控制回路检测流程图	25				
5	能体现团队合作意识	10				
小结与建议：						

学习活动二　检测并修复电源控制回路

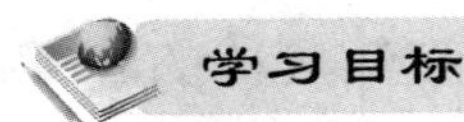

1. 能根据电源控制回路检测流程，检测并修复电源控制回路。
2. 能有效进行成果展示。

2 学时。

万用表、电源控制回路电气原理图、参考资料。

一、知识获取

根据制订的维修计划，结合电源控制回路检测流程，采用电阻测量法、电压测量法，判断故障点。

1．测量基础知识。

（1）采用电阻测量法测量相关线路时，务必关闭所有电源。若所测线路或开关两端的电阻值为零，则说明所测线路或开关接通；若电阻值为无穷大，则说明所测线路或开关开路了，需要修复接通。若采用指针万用表，则应选择______挡；若采用数字万用表，则应选择_____挡。

（2）当采用电压测量法测量相关测量点时，将万用表的红表笔接在测量点上，将黑表笔接在参考点上，参考点是指测量点所在回路的地线或者零线，若是直流电，则是指负极位置。AC 110V、AC 220V、DC 110V、SPS.L 端、SPS.V+端所在回路的参考点分别是_________、_________、_________、_________、_________。万用表挡位选择_________，量程选择_________。

2．明确电源控制回路检测流程（见图 4-3）中的关键信息。

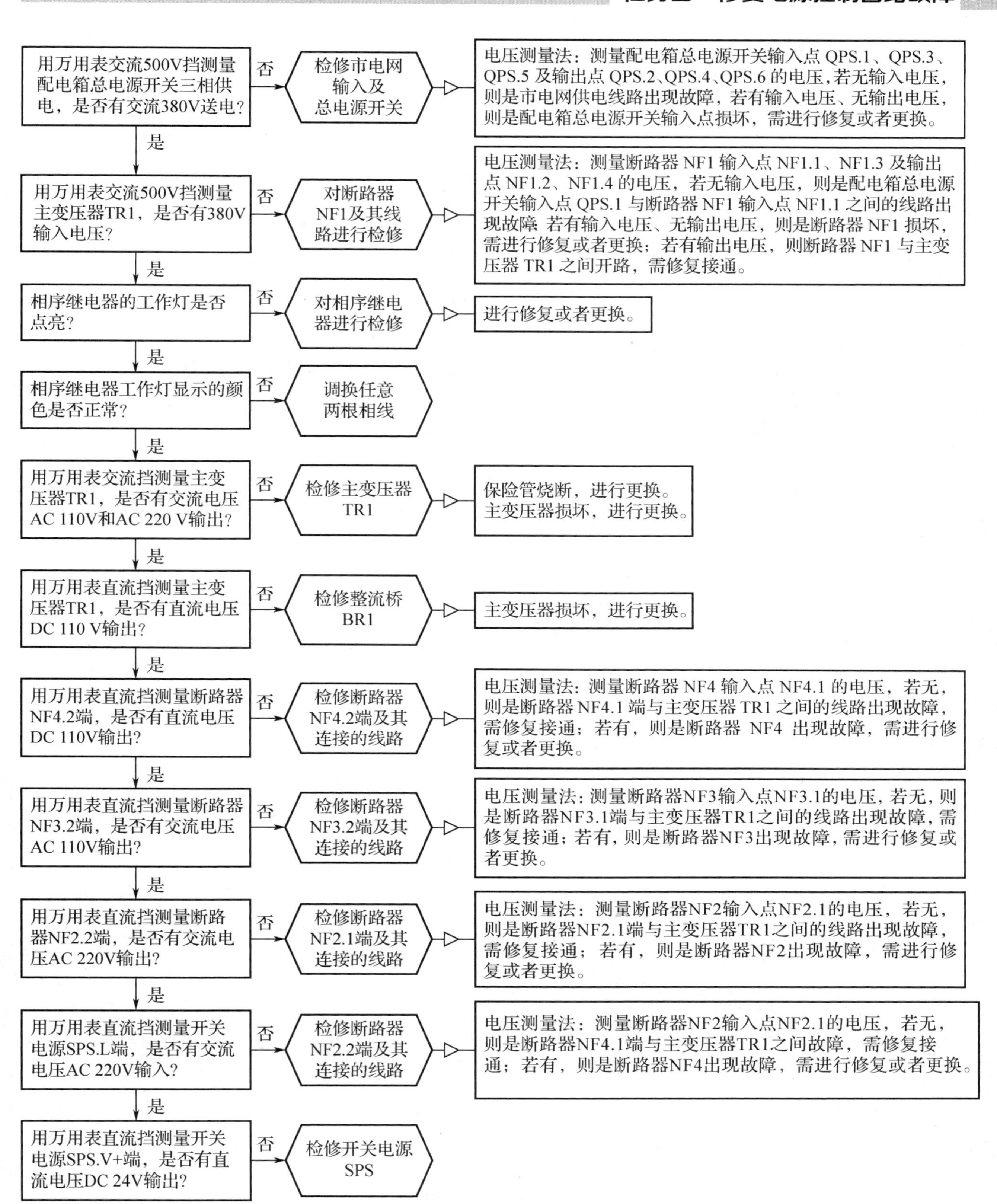

图 4-3　电源控制回路检测流程

二、技能操作

根据图 4-3 所示的电源控制回路检测流程开展操作。

三、成果展示

小组代表分享检修过程。

四、学习评价

在本学习活动中，学生根据电源控制回路检测流程，完成了检测并修复电源控制回路操作。根据活动过程评价表 2（见表 4-2）中的评价要点，开展自评、互评、教师评工作。

表 4-2　活动过程评价表 2

姓名：　　　　组别：　　　　日期：

序号	评价要点	配分	自评	互评	教师评	总评
1	能体现人员安全、设备安全要素	15				
2	能找出出现故障的线路或元器件	25				
3	能更换、修复故障元器件	25				
4	能正确使用检测工具	25				
5	能有效进行成果展示	10				
小结与建议：						

任务五　修复安全回路故障

任务目标

1. 能说出安全回路的工作原理，能判断电梯故障是否属于安全回路故障。
2. 补充完成安全回路检测流程图。
3. 能检测安全回路，判断安全回路出现故障的原因。
4. 能修复安全回路故障涉及的线路及元器件。

任务描述

案例：

某小区物业向电梯维保公司反馈，小区 2 号电梯在运行过程中突然停梯，外呼、内呼均无响应，轿厢内只有通风风扇、照明工作，层站有楼层显示。

任务：

维修人员进入电梯机房，查看电梯控制柜中电气设备的状态，判断出电梯故障范围，结合安全回路电气原理图（见图 5-1），说出安全回路的工作原理，补充完成安全回路检测流程图；选择合适的检测工具，多种检测方法相结合，判断安全回路出现故障的原因；选择合适的工具、配件、材料，修复安全回路故障涉及的线路及元器件。

工作流程与活动

1. 制订维修计划。

说出安全回路的工作原理，判断故障范围，补充完成安全回路检测流程图。

2. 检测并修复安全回路。

检测并修复安全回路，进行成果展示、学习评价。

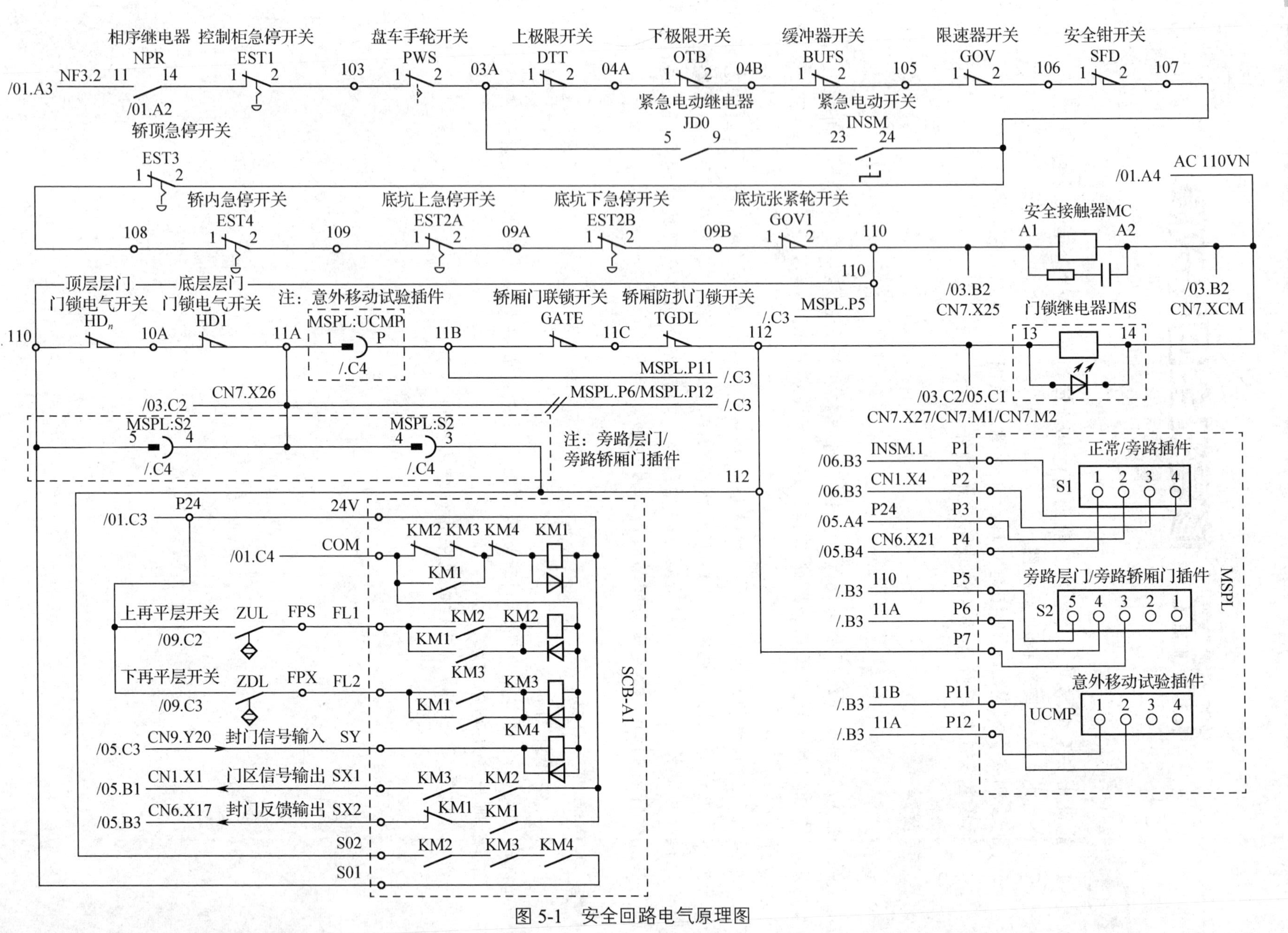

图 5-1 安全回路电气原理图

学习活动一　制订维修计划

学习目标

1. 能说出安全回路的工作原理。
2. 能判断电梯故障是否属于安全回路故障。
3. 补充完成安全回路检测流程图。

建议学时

2 学时。

学习准备

万用表、安全回路电气原理图、参考资料。

学习过程

一、知识获取

1．根据安全回路电气原理图，分析安全回路的组成及其作用，将结果填入表 5-1。

表 5-1　安全回路的组成及其作用

序号	组成	作用
1		
2		
3		
4		
5		
6		
7		
8		
9		
10		
11		
12		
13		

2．分析安全回路电气原理图可知，安全回路由________________电源供电，供电电压为________V，在图 5-2 中按安全回路电流流向填写器件名称。

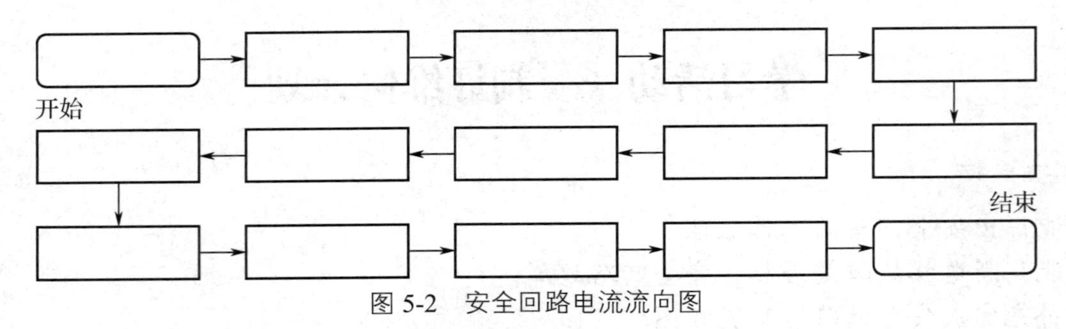

图 5-2　安全回路电流流向图

3．补充完成安全回路检测流程图（见图 5-3）。

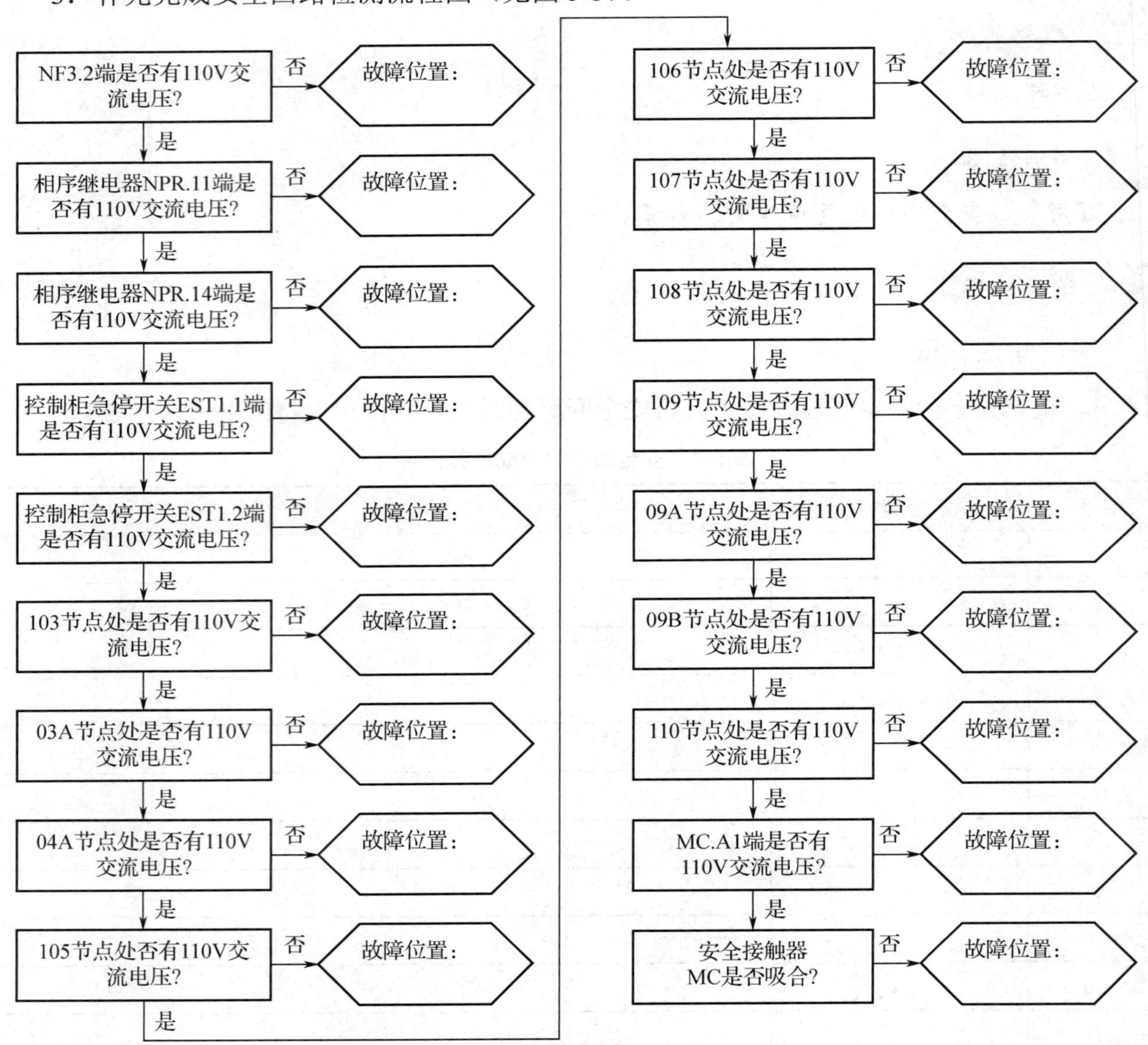

图 5-3　安全回路检测流程图

以上检测流程图是＿＿＿＿＿法对应的检测流程图，如果采用电阻测量法，请参照图 5-3，画出对应的检测流程图。

★回答问题。

结合前文介绍过的电气原理图，回答安全接触器 MC 控制哪些电路，请举例说明。

二、技能操作

1．根据任务描述，维修人员进入机房，查看控制柜内门锁继电器 JMS、安全接触器 MC、运行接触器 CC、制动器接触器 JBZ 的工作状态，将结果填入表 5-2。

表 5-2　接触器/继电器的工作状态

序号	接触器/继电器的名称	吸合（填“是”或“否”）
1	安全接触器 MC	
2	门锁继电器 JMS	
3	运行接触器 CC	
4	制动器接触器 JBZ	
结论： 判断依据：		

2．根据图 5-3 所示的安全回路检测流程图实施检测及维修，判断本任务中的电梯故障是否属于安全回路故障。

三、成果展示

小组代表分享本小组在技能操作过程中遇到的问题及其解决方法。

四、学习评价

在本学习活动中，学生通过学习电梯安全回路的工作原理，补充完成安全回路检测流程图，掌握了判断电梯故障是否属于电梯安全回路故障的方法。根据活动过程评价表 1（见表 5-3）中的评价要点，开展自评、互评、教师评工作。

表 5-3　活动过程评价表 1

姓名：　　　　组别：　　　　日期：

序号	评价要点	配分	自评	互评	教师评	总评
1	能在制订维修计划时注意设备安全、人员安全要素	15				
2	能说出安全回路的工作原理	25				
3	能判断出电梯故障是否属于安全回路故障	25				
4	能补充完成安全回路检测流程图	25				
5	能体现团队合作意识	10				
小结与建议：						

学习活动二　检测并修复安全回路

学习目标

1. 能根据安全回路检测流程图，检测并修复安全回路。
2. 能有效进行成果展示。

建议学时

2 学时。

学习准备

万用表、安全回路电气原理图、参考资料。

学习过程

一、知识获取

1．测量基础知识。

（1）采用电阻测量法测量相关线路时，务必关闭所有电源。若所测线路或开关两端的电阻值为零，则说明所测线路或开关接通；若电阻值为无穷大，则说明所测线路或开关开路了，需要修复接通。若采用指针万用表，则应选择__________挡；若采用数字万用表，则应选择__________挡。

（2）采用电压测量法测量相关线路时，将万用表的红表笔接至测量点，将黑表笔接至参考点，参考点是指测量点所在回路的地线或者零线，如果是直流电，则是指负极位置，在安全回路电气原理图中，参考点是__________。万用表挡位选择____，量程选择________。

扫描下方二维码，观看微课视频。

2．检测思路示例。

电梯运行的先决条件是安全回路中的所有开关、电气触点都处于接通状态，其中任何一个开关或者电气触点断开、接触不良都会造成安全回路断开，由于各开关或电气触点的安装位置比较分散，所以目前通常采用电压测量法结合短接法来查找故障点。

检测时，先检测电源电压，判断其是否正常；然后检测开关、元器件，若万用表显示没有电压，则说明该元器件或者开关短路；若安全接触器 MC 两端的电压正常，但其不能吸合，则说明该元器件已损坏。

（1）用万用表电压挡测量 NF3.2 端与 110VN 之间是否有 110V 电压，若有电压，则说明安全回路的电源电压正常。

（2）将一只表笔固定接至“110VN”端，另一只表笔分别接至其他接线端逐点进行测量。若在 03A 节点处，万用表没有显示 110V 电压，则说明 NF3.2 端到 03A 节点之间的元器件不正常，故障点应在该范围内寻找。

（3）假设当将表笔置于 03A 节点处时，万用表有电压显示，而当将表笔置于下一个节点 103 处时，万用表没有电压显示，则可以初步确定故障点在 103 节点与 03A 节点之间的盘车手轮开关 PWS 上。此时，可以用短接线短接两节点，若安全接触器 MC 吸合，则说明盘车手轮开关 PWS 出现故障，应对该元器件进行修复或更换。

二、技能操作

根据安全回路检测流程图对测量点逐个进行检测，判断故障位置，并修复相关电路或者元器件。

三、成果展示

小组代表介绍检修过程。

四、学习评价

在本学习活动中，学生根据安全回路检测流程图，完成了检测并修复安全回路的操作。根据活动过程评价表 2（见表 5-4）中的评价要点，开展自评、互评、教师评工作。

表 5-4　活动过程评价表 2

姓名：　　　　　　组别：　　　　　　　　　日期：

序号	评价要点	配分	自评	互评	教师评	总评
1	能体现人员安全、设备安全要素	15				
2	能判断出安全回路故障的位置	25				
3	能更换、修复故障元器件	25				
4	能正确使用检测工具	25				
5	能有效进行成果展示	10				
小结与建议：						

任务六 修复门锁回路故障

任务目标

1. 能说出门锁回路的工作原理，能判断电梯故障是否属于门锁回路故障。
2. 补充完成门锁回路检测流程图。
3. 能检测门锁回路，判断门锁回路出现故障的原因。
4. 能修复门锁回路故障涉及的线路及元器件。

任务描述

案例：

某小区物业向电梯维保公司反映，小区 2 号电梯在运行过程中，层站有楼层显示，内呼、外呼不起作用。

任务：

维修人员进入电梯机房，查看电梯控制柜中电气设备的状态，判断出电梯故障范围，结合门锁回路电气原理图（见图 6-1），说出门锁回路的工作原理，补充完成门锁回路检测流程图；选择合适的检测工具，多种检测方法相结合，判断门锁回路出现故障的原因；选择合适的工具、配件、材料，修复门锁回路故障涉及的线路及元器件。

工作流程与活动

1. 制订维修计划。

说出门锁回路的工作原理，判断故障范围，补充完成门锁回路检测流程图。

2. 检测并修复门锁回路。

检测并修复门锁回路，进行成果展示、学习评价。

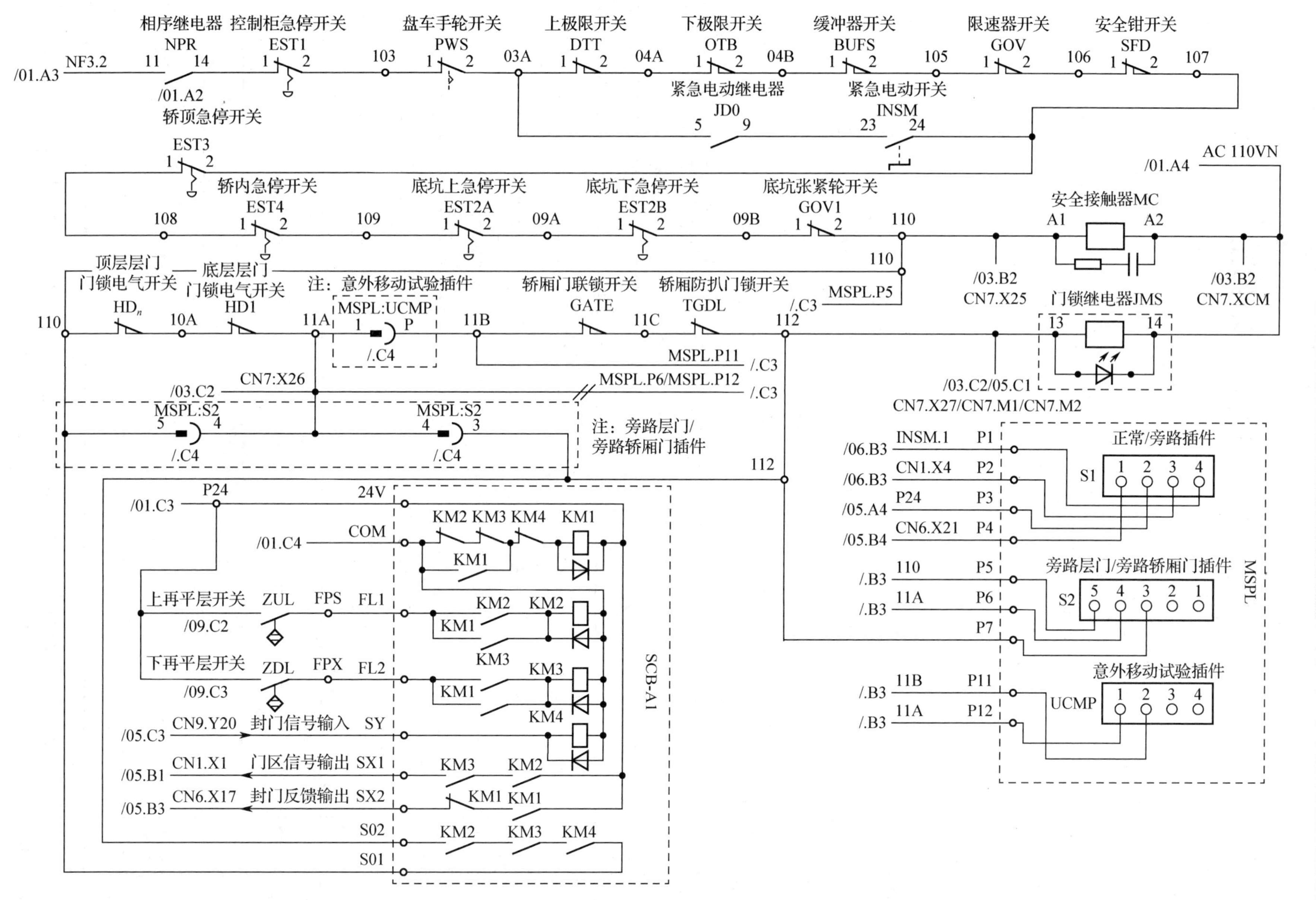

图 6-1　门锁回路电气原理图

学习活动一　制订维修计划

学习目标

1. 能说出门锁回路的工作原理。
2. 能判断电梯故障是否属于门锁回路故障。
3. 能补充完成门锁回路检测流程图。

建议学时

2 学时。

学习准备

万用表、门锁回路电气原理图、参考资料。

学习过程

一、知识获取

1．根据门锁回路电气原理图，分析门锁回路的组成及其作用，将结果填入表 6-1。

表 6-1　门锁回路的组成及作用

序号	组成	作用
1		
2		
3		
4		
5		
6		
7		
8		
9		
10		
11		
12		
13		

2．分析门锁回路电气原理图，门锁回路由__________电源供电，供电电压为________V。根据门锁回路电流流向在图 6-2 中填入器件名称。

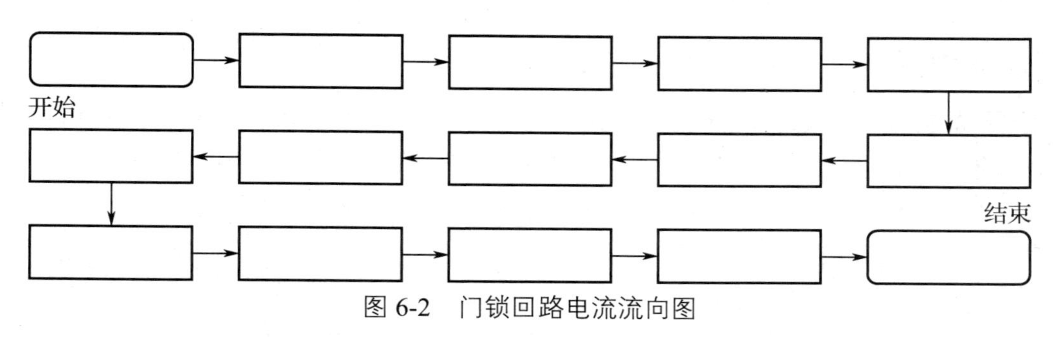

图 6-2　门锁回路电流流向图

3．补充完成门锁回路检测流程图（见图 6-3）。

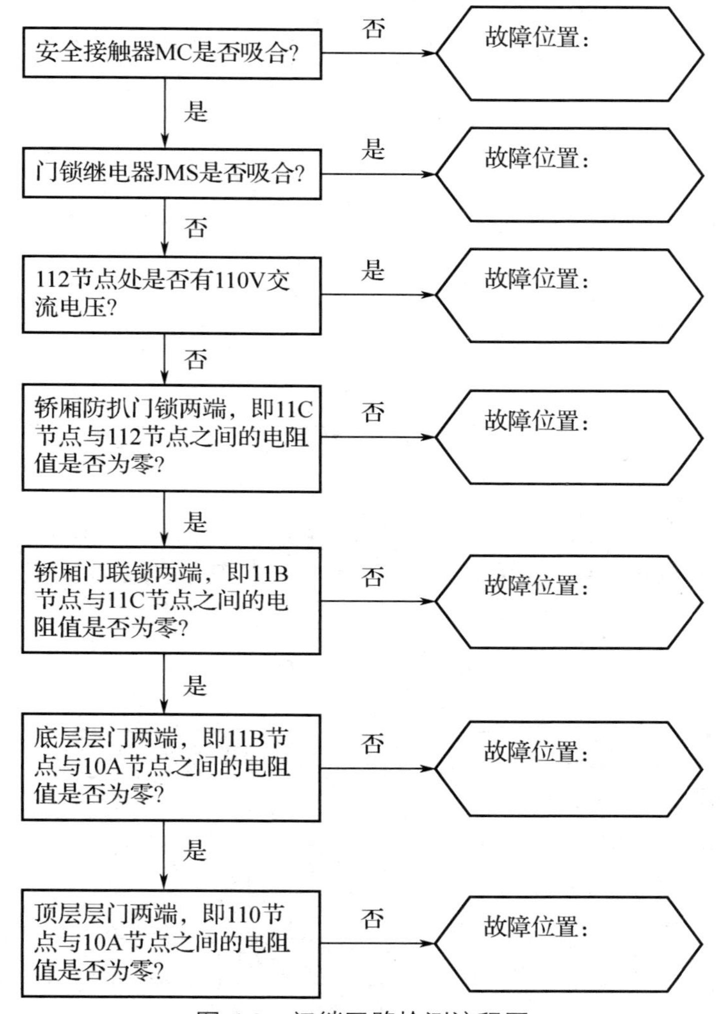

图 6-3　门锁回路检测流程图

以上检测流程图是__________法对应的检测流程图，如果采用电压测量法，请参照图 6-3，画出对应的检测流程图。

★回答问题。

结合前文介绍过的电气原理图，回答门锁继电器 JMS 控制着哪些电路，请举例说明。

二、技能操作

根据任务描述，维修人员进入机房，查看控制柜内安全接触器 MC、门锁继电器 JMS、运行接触器 CC、制动器接触器 JBZ 的工作状态，并将结果填入表 6-2。

表 6-2　接触器/继电器的工作状态

序号	接触器/继电器的名称	吸合（填"是"或"否"）
1	安全接触器 MC	
2	门锁继电器 JMS	
3	运行接触器 CC	
4	制动器接触器 JBZ	
结论： 判断依据：		

三、成果展示

以小组为单位，介绍本小组电梯机房控制柜中各接触器、继电器的工作情况，并判断故障类型。

四、学习评价

在本学习活动中，学生通过学习门锁回路的工作原理，补充完成门锁回路检测流程图，掌握了判断电梯故障是否属于门锁回路故障的方法。根据活动过程评价表 1（见表 6-3）中的评价要点，开展自评、互评、教师评工作。

表 6-3　活动过程评价表 1

姓名：　　　　　　组别：　　　　　　日期：

序号	评价要点	配分	自评	互评	教师评	总评
1	能在制订维修计划时注意设备安全、人员安全要素	15				
2	能说出门锁回路的工作原理	25				
3	能判断出电梯故障是否属于门锁回路故障	25				
4	能补充完成门锁回路检测流程图	25				
5	能体现团队合作意识	10				
小结与建议：						

学习活动二　检测并修复门锁回路

学习目标

1. 能根据门锁回路检测流程图，检测并修复门锁回路。

2. 能有效进行成果展示。

建议学时

2 学时。

学习准备

万用表、门锁回路电气原理图、参考资料。

学习过程

一、知识获取

1．测量基础知识。

（1）采用电阻测量法测量相关线路时，务必关闭所有电源。若所测线路或开关两端的电阻值为零，则说明所测线路接通；若电阻值为无穷大，则说明所测线路开路，需要修复接通。若采用指针万用表，则应选择______挡；若采用数字万用表，则应选择_____挡。

（2）采用电压测量法测量相关线路时，将万用表的红色表笔接至测量点，将黑色表笔接至参考点，参考点是指测量点所在回路的地线或者零线，如果是直流电，则是指负极位置，在门锁回路电气原理图中，参考点是_________。万用表挡位选择____，量程选择________。

2．测量关键技能点。

扫描下方二维码，观看微课视频。

✱电梯门开门电路分析。

打开控制柜门，发现安全接触器吸合，但是门锁继电器不能吸合。若调换封门插件，短接门锁各触点后，电梯能正常运行，则可以确认门锁回路开路。

✱检修分析（结合门锁回路电气原理图）。

✯问：门锁回路中包括哪些电气开关？

✷答：层门门锁电气开关，YL-777 型电梯有一层（底层）层门门锁电气开关、二层（顶层）层门门锁电气开关、轿厢门联锁开关、轿厢防扒门锁开关。

✯问：选用什么检修工具？

✷答：万用表。

✯问：结合门锁回路电气原理图分析，万用表应选用什么挡位？选用什么量程？

✷答：由门锁回路电气原理图可知，门锁回路由 AC 110V 供电，所以选用万用表交流挡，交流 200V 量程即可。

✯问：测量时，将万用表黑表笔接至什么位置？

✷答：将黑表笔接至门锁回路 110V 零线的位置，即 110VN 的位置。

明确了检测工具及其使用方法后，可开始进行检测，由于门锁继电器不能吸合，所以先检查门锁继电器的线圈是否有电压。若测量结果为无电压，则测量门锁回路 110 节点与 JMS.14 端之间的电压，测量结果显示有 110V 电压，说明 110 节点之前的电路没有故障；测量门锁回路112节点与JMS.14端之间的电压，测量结果显示没有110V电压，说明110节点与112节点之间的线路开路。

在检测门锁回路时，往往需要切换测量方法。

上面采用的是电压测量法，因为门锁回路串联了轿厢门联锁开关和所有的层门门锁电气开关，且门锁回路跨越了机房、轿顶、层站等空间，所以我们可用电阻测量法检测门锁回路的通断。从机房到轿顶逐个测量开关及其接线点之间的电阻：110-10A、10A-11A、11A-11B、11B-11C、11C-112、112-JMS.13。

经测量发现，110-10A间的电阻值为无穷大，表明110节点与10A节点之间的线路开路。进一步观察，发现顶层层门门锁电气开关的副触点脱落，导致110-10A间出现开路。

重新接好顶层层门门锁电气开关的副触点。按照安全程序退出轿顶，给电梯供电，电梯可以正常运行。

二、技能操作

根据门锁回路检测流程图对测量点逐个进行检测，判断故障位置，并修复门锁回路故障涉及的线路或元器件。

三、成果展示

小组代表根据本小组实际操作，介绍修复门锁回路的过程。

四、学习评价

在本学习活动中，学生通过按照门锁回路检测流程检测电梯，掌握了判断电梯门锁回路故障位置的方法。根据活动过程评价表2（见表6-4）中的评价要点，开展自评、互评、教师评工作。

表6-4 活动过程评价表2

姓名：　　　　组别：　　　　日期：

序号	评价要点	配分	自评	互评	教师评	总评
1	能体现人员安全、设备安全要素	15				
2	能判断出门锁回路故障的位置	25				
3	能更换、修复故障元器件	25				
4	能正确使用检测工具	25				
5	能有效进行成果展示	10				
小结与建议：						

任务七 修复主控系统故障

任务目标

1. 能说出主控系统的工作逻辑；分析主控系统运行接触器 CC 的工作条件，制动器接触器 JBZ 的工作条件，以及它们工作的联动关系；分析各功能模块的作用及其功能端（I/O 端口）的功能，判断故障范围。

2. 能分析故障现象，判断故障范围，找出故障位置，修复故障元器件或线路。

任务描述

案例：

给某校区电梯送电，其内呼、外呼能够登记但是电梯不运行，开、关门起作用，层站有楼层显示。

任务：

结合主控系统的功能，观察控制柜中各接触器的工作状态，判断故障范围，分析主控系统功能端的工作状态，通过观察、测量，得出故障原因，修复故障。

工作流程与活动

1. 分析主控系统工作的逻辑关系。根据电梯结构原理知识，结合主控系统实物图（见图 7-1）和主控系统电气原理图（见图 7-2），判断主控系统各功能模块的作用及其功能端的功能，分析运行接触器 CC、制动器接触器 JBZ 的工作条件。

图 7-1　主控系统实物图

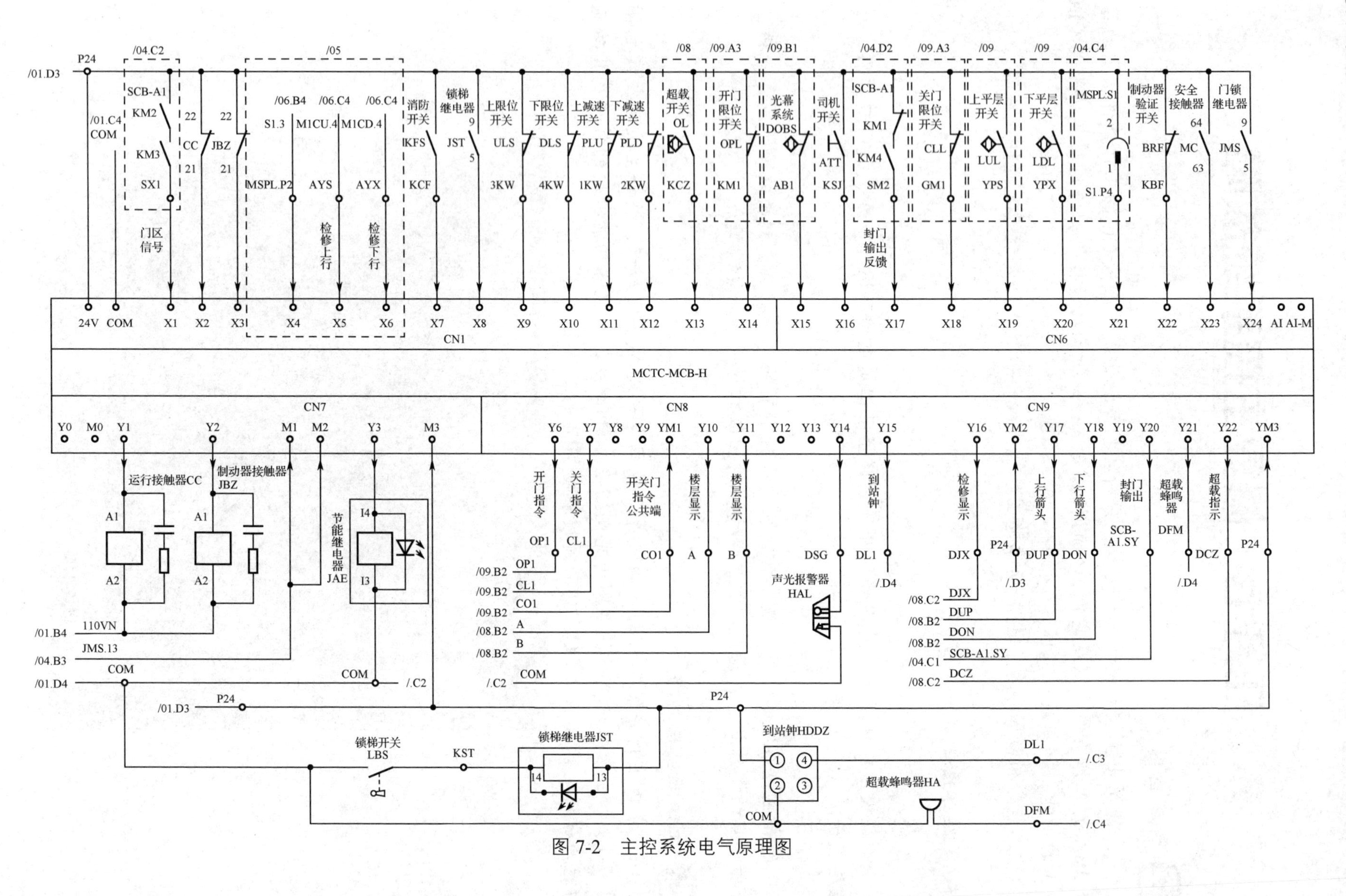

图 7-2 主控系统电气原理图

2. 判断故障范围。观察控制柜中安全接触器 MC、门锁继电器 JMS、运行接触器 CC、制动器接触器 JBZ 的工作状态，判断故障范围。观察主控系统各功能端的工作指示灯，分析其工作状态，进一步缩小故障范围。

学习活动一　分析主控系统工作逻辑关系

学习目标

1. 能说出主控系统输入端口 X 的工作条件及状态。
2. 能说出主控系统输入端口 L 的工作条件及状态。
3. 能说出主控系统输出端口 Y 的工作条件及状态。

建议学时

2 学时。

学习准备

教材、实训电梯、万用表、主控系统电气原理图。

学习过程

一、知识获取

扫描下方二维码，观看微课视频。

1. 根据主控系统电气原理图，分析主控系统输入端口 X 的工作条件及状态，填写表 7-1。

表 7-1　输入端口 X 信息表

输入端口名称（I 端口）	输入端口代号	工作条件及状态		
		信号来源	端口电压值	信号灯亮/灭条件
	24V			
	COM			
	X1			
	X2			
	X3			
	X4			
	X5			
	X6			
	X7			
	X8			
	X9			
	X10			
	X11			

续表

输入端口名称（I 端口）	输入端口代号	工作条件及状态		
		信号来源	端口电压值	信号灯亮/灭条件
	X12			
	X13			
	X14			
	X15			
	X16			
	X17			
	X18			
	X19			
	X20			
	X21			
	X22			
	X23			
	X24			

2．根据主控系统电气原理图，分析主控系统输出端口 Y 及其附属输入信号的工作状态，填写表 7-2。

表 7-2　输出端口 Y 及其附属输入信号信息表

输出端口名称（O 端口）	输出端口代号	工作条件及状态		
		信号来源	端口电压值	信号灯亮/灭条件
	Y1			
	Y2			
	M1			
	M2			
	Y3			
	M3			
	Y6			
	Y7			
	YM1			
	Y10			
	Y11			
	Y14			
	Y15			
	YM2			
	YM3			
	Y16			
	Y17			
	Y18			
	Y20			
	Y21			
	Y22			

3．根据主控系统的内呼系统电气原理图（见图 7-3），分析主控系统的内呼系统输入端口 L 的工作条件及状态，填写表 7-3。

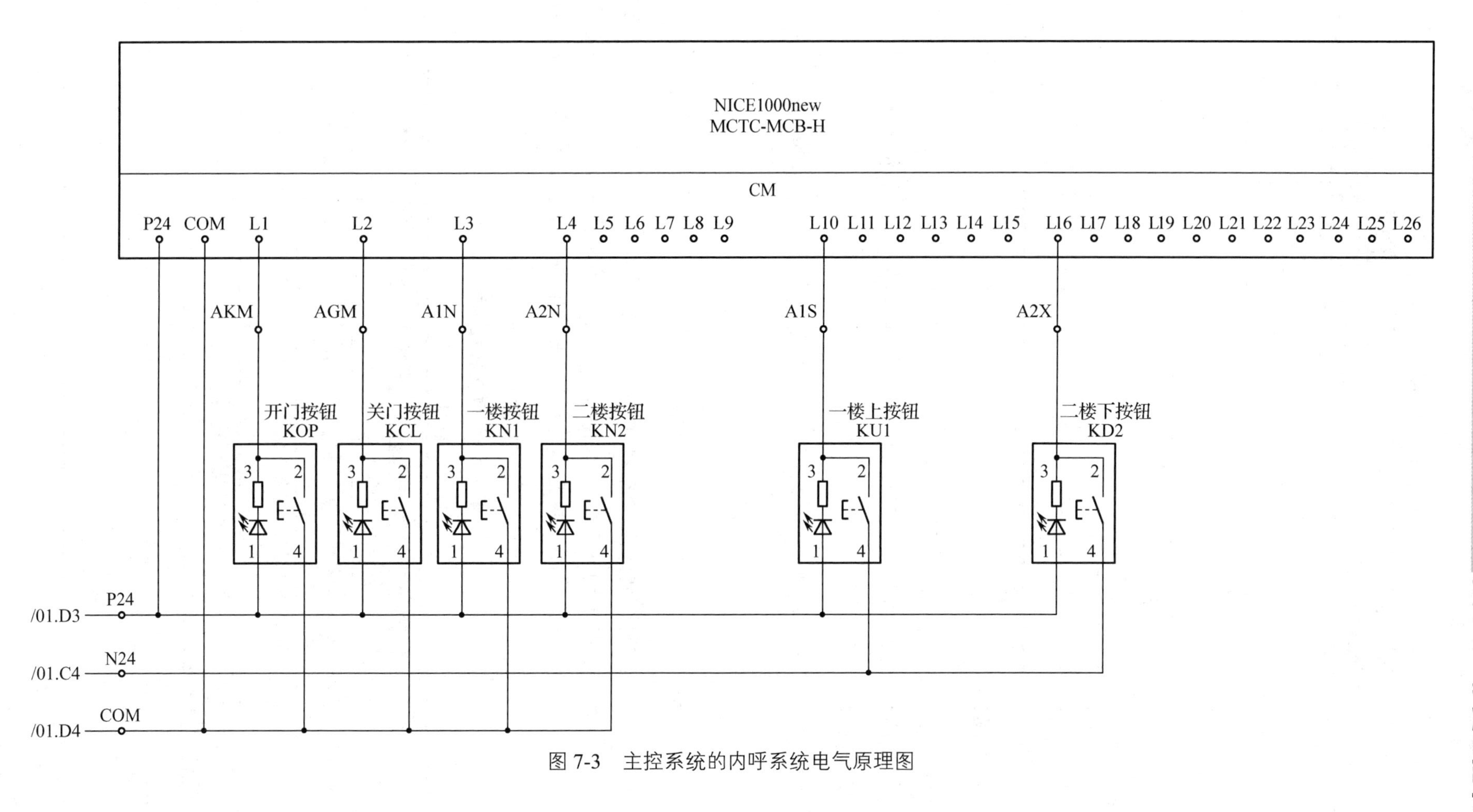

图 7-3　主控系统的内呼系统电气原理图

表 7-3　输入端口 L 信息表

输入端口名称（I 端口）	输入端口代号	工作条件及状态		
		信号来源	端口电压值	信号灯亮/灭条件
	P24			
	COM			
	L1			
	L2			
	L3			
	L4			
	L10			
	L16			

二、技能操作

各小组成员进入机房，查看控制柜中主板上各路输入信号、呼梯信号、输出信号的信号灯亮灭状态，对照表 7-1～表 7-3，判断各路信号是否正常，并判断故障范围。

三、成果分享

各小组代表介绍本小组观察的电梯控制柜中主板上各路信号的状态，说出电梯故障的故障范围。

四、学习评价

在本学习活动中，学生通过明确电梯主控系统输入端口、输出端口名称及其工作条件与状态，掌握了电梯主控系统输入端口、输出端口的工作逻辑关系，并可判断电梯主控系统各路信号的状态。根据活动过程评价表 1（见表 7-4）中的评价要点，开展自评、互评、教师评工作。

表 7-4　活动过程评价表 1

姓名：　　　　　　　组别：　　　　　　　　　　　日期：

序号	评价要点	配分	自评	互评	教师评	总评
1	能正确填写输入端口、输出端口的名称	15				
2	能写出输入端口、输出端口的工作条件及状态	25				
3	能说出输入端口、输出端口的工作逻辑关系	25				
4	能根据输入端口、输出端口的信号灯状态判断各路信号的状态	25				
5	能体现团队合作意识	10				
小结与建议：						

学习活动二　修复主控系统

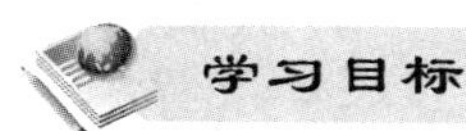

学习目标

1. 观察主控系统输入、输出端口的信号灯状态，结合一定的测量数据，判断故障位置。
2. 能分析主控系统故障现象，判断故障范围，找出故障位置，修复故障元器件或线路。

建议学时

10 学时。

学习准备

教材、万用表、主控系统电气原理图、参考资料、实训电梯。

学习过程

一、知识获取

1．维修示范实例一。

扫描下方二维码，观看维修示范实例一的微课视频。

★问：结合主控系统电气原理图分析，在电梯主控系统正常工作的情况下，输入端口的信号灯哪些是亮的？哪些是不亮的？

✷答：常闭开关对应的信号灯是亮的，常开开关对应的信号灯是不亮的。

★问：结合主控系统电气原理图分析，在电梯主控系统正常工作且电梯处于正常停车状态下，输出端口的信号灯哪些是亮的？哪些是不亮的？

✷答：各输出模块对应的输出信号灯是亮的，其他模块在没有响应输出的情况下，其输出信号灯是不亮的。

维修人员在给电梯通电后，查看控制柜中各电气设备的运行情况，经过观察发现，运行接触器 CC 不吸合，处于不工作状态。继续观察输入信号灯，对其逐个进行检查，发现输入信号灯正常。逐个观察输出模块各电源灯的情况，发现电梯主板上运行接触器 CC、制动器接触器 JBZ 输出模块的电源灯 M1、M2 不亮。

★问：可用什么测量工具检测 M1、M2 所在的线路呢？

✷答：万用表。

★问：有哪些确定故障位置的方法呢？

✷答：一是电压测量法；二是电阻测量法。

★问：目前这样的故障现象，用哪种测量方法更便捷一些？

✸答：电压测量法。其实，在维修电梯主控系统的过程中，往往是两种方法结合使用。因为是电梯主板上运行接触器 CC、制动器接触器 JBZ 输出模块的电源灯 M1、M2 不亮，所以我们采用电压测量法，检查主控系统 M1 端、M2 端是否有电压。

✿问：测量时，应选用万用表的什么挡位？什么量程？

✸答：结合主控系统电气原理图分析，图中标识 M1 端、M2 端的电压由门锁继电器 JMS.13 端引入，而门锁回路由 110V 交流电压供电，所以应采用万用表的交流电压挡，量程为 200V。

✿问：测量时，万用表的黑表笔应接至什么位置？

✸答：接至 110VN 点。

测量发现，主控系统 M1 端、M2 端没有电压，但是门锁继电器 JMS.13 端有电压，为 AC 110V。换用数字万用表电阻挡测量门锁继电器 JMS.13 端与 M1 端、M2 端之间的电阻值。

✿问：应选择数字万用表的什么挡位？

✸答：因为采用的是数字万用表，所以可选用二极管挡，即通断挡。

测量发现，JMS.13 端与 M1 端、M2 端之间的电阻值无穷大。

✿问：这两点之间的电阻值无穷大，表明什么？

✸答：这两点之间处于开路状态。

✿问：这两点之间处于开路状态，正常吗？

✸答：不正常。

经观察，发现门锁继电器 JMS.13 端的接线脱落。

经修复后，给电梯通电，电梯运行接触器 CC 吸合，电梯正常运行，故障排除。

2．维修示范实例二。

扫描下方二维码，观看维修示范实例二的微课视频。

电梯只能从二楼运行至一楼，不能从一楼运行至二楼，即能下不能上，这是由什么原因引起的？

根据观察的电梯运行状态，检修慢车运行电梯，发现电梯在检修慢车运行时，能上能下，且电梯能从二楼慢车运行至一楼，说明电梯运行的基本条件——门锁回路、安全回路、制动器回路、运行回路能正常工作，只是快车上行条件没有得到满足。

分析主控系统电气原理图可知，与快车上行条件有关的开关如下。

① 上减速开关。

② 上限位开关。

这两个开关在正常情况下，均处于关闭状态，只有其动作时，才处于打开状态。

这两个开关的功能分别如下。

① 电梯上行，撞板碰到上减速开关，电梯减速。

② 电梯上行，撞板碰到上限位开关，电梯顶层端站平层停车。

所以，这两个开关的作用是保护电梯，防止电梯上行时发生冲顶现象，导致乘客受伤、设备损坏。如果这两个开关出现故障，那么电梯上行受限。

✿问：经过分析，能初步判断是哪个开关及其所在线路出现了故障吗？

✸答：上减速开关、上限位开关中的一个。因此，只可能是上减速开关及其所在线路、上限位开关及其所在线路出现了故障。

现把电梯检修运行到层站中间，使撞板脱离上减速开关、上限位开关。

结合主控系统电气原理图，观察上减速开关信号灯 X11、上限位开关信号灯 X9 的状态，结果发现，上限位开关信号灯 X9 不亮，再用万用表测量主控系统 X9 端的电压，发现电压为零。

通过观察信号灯状态和测量电压，可判断故障为上限位开关及其所在线路出现了故障，可以采用电压测量法进一步查找故障点。

测量方法如下。

将万用表的黑表笔接至公共端 COM，红表笔分别接至主控系统的 X9 端、控制柜接线端 3KW、井道接线盒接线端 3KW、上限位开关进端线及出线端，测量其电压。

测量原则如下。

若测量点有电压，则继续往前测量；若测量点无电压，则停止测量。故障点就在有电压的测量点和无电压的测量点之间。

根据测量方法、测量原则，从机房控制柜到井道接线盒，再到上限位开关进线端、出线端，逐一进行测量。

经测量，发现上限位开关进线端有电压，出线端无电压。这说明，故障点位于上限位开关本身。

检测上限位开关接线端，无异常。

关掉电梯控制柜电源，断开上限位开关两端的进线、出线，采用电阻测量法，利用万用表测量上限位开关两端的电阻值，经测量，电阻值为无穷大。

因上限位开关为常闭开关，即在没有动作的情况下，上限位开关两端是接通的，上限位开关两端的电阻值应为零，现测得上限位开关两端的电阻值为无穷大，说明上限位开关内部开路。

拆开上限位开关盖，发现上限位开关内部的触点上有污物，将其清理干净。

现用万用表电阻挡测量上限位开关两端的电阻值，测得电阻值为零，这表明上限位开关的功能恢复正常。

盖好上限位开关盖，接好上限位开关两端的进线、出线。

打开电梯控制柜电源，测试电梯。电梯能上下运行，电梯恢复正常。

3．维修示范实例三。

扫描下方二维码，观看维修示范实例三的微课视频。

在日常乘坐电梯的过程中，会遇到类似视频中出现的情景：电梯不关门或者反复开关门。造成这种现象的原因有哪些呢？

✮问：你知道电梯不关门或者反复开关门的原因有哪些吗？

✷答：造成此类故障的原因如下。

① 消防功能起作用。

② 轿厢门开门、关门不到位。

③ 光幕系统故障。

此类故障涉及的范围比较广，包括三个系统：一是消防保护系统；二是门系统；三是光幕系统，这是这类电梯故障维修难的原因。

现在，我们逐一排除故障原因。

结合主控系统电气原理图，查看电梯主板中消防保护信号灯、开门限位开关信号灯、光幕系统信号灯的状态，发现：

① 消防保护信号灯 X7 没有亮，用万用表测量消防开关的输入电压，测得输入电压为零，因为消防开关是常开开关，原则上也应该没有输入电压，说明消防保护系统没有动作，处于正常状态。

② 经观察，电梯在反复开关门的过程中，因为关门中途反向开门，且开门限位开关信号灯 X14 点亮，且开门到位时，测得开门限位开关反馈信号端的电压为 24V，说明开门限位开关功能正常。

③ 经观察，电梯光幕系统信号灯 X15 不亮，测量光幕系统反馈信号端的电压，测得电压为零，因为光幕开关是常闭开关，原则上应该有电压，而此时主控系统 X15 端没有电压，说明光幕系统信号没有反馈到主板，光幕系统信号的反馈回路出现了故障。

✭问：若一个电气回路出现故障，故障原因有哪些？

✷答：一个电气回路出现故障的故障原因如下。

① 连接线路开路。

② 连接端子开路。

③ 电气开关损坏。

现分别用电阻测量法、电压测量法逐段测量光幕系统所在线路的通断情况。

第一步，打开光幕控制盒，根据图 4-1 测量光幕控制器供电电源电压（201 节点和 202 节点之间的电压）是否正常。

经测量，201 节点和 202 节点之间有 220V 交流电压，光幕控制器供电电源电压输入正常（测量时，将万用表黑表笔接至中性线 202 节点处，红表笔接至相线 201 节点处）。

第二步，测量光幕控制器信号反馈 24V 直流供电电压是否正常。

经测量，24V 直流供电电压正常（测量时，将万用表黑表笔接至公共端 COM，红表笔接至 P24 端）。

第三步，沿着光幕信号反馈线 AB1，往主控系统 X15 端方向，逐点测量反馈电压，测量原则是若测量点有 24V 直流电压，则继续往前测量；若测量点无电压，则停止测量。有电压的测量点和无电压的测量点之间的线路就是故障点所在的位置。

若采用电阻测量法，则电阻值为零的线路为通路，电阻值为无穷大的线路为开路，开路的线路是故障点所在的位置。

经过测量，发现轿顶接线盒光幕信号反馈线 AB1 的接线端的线路开路，导致无反馈信号到达主板。

重新进行接线后，测试电梯，电梯正常运行。

以此案例进行说明，从电梯设备开关信号延伸到其他电气设备开关信号，在排除故障时，需要考虑三要素：设备供电、设备信号反馈线路、设备本身。若设备供电、设备信号反馈线路正常，则表明设备本身出现了问题。

二、技能操作

1．送电，观察电梯控制柜中各电气设备的工作状态。

观察安全接触器 MC、门锁继电器 JMS、运行接触器 CC、制动器接触器 JBZ 的工作状态，将结果填入表 7-5。

表 7-5　电梯控制柜中各电气设备的工作状态

电气设备名称	工作状态（是否吸合）	是否正常
安全接触器 MC		
门锁继电器 JMS		
运行接触器 CC		
制动器接触器 JBZ		

2. 观察电梯主控系统输入、输出各端口信号灯的工作情况，并判断其工作状态是否正常，将结果填入表 7-6。

表 7-6　电梯主控系统输入、输出各端口信号灯的工作状态

输入端口代号	理论电压值及信号灯的工作状态（亮/灭）	是否正常（√/×）	输入端口代号	理论电压值及信号灯的工作状态（亮/灭）	是否正常（√/×）	输出端口代号	理论电压值及信号灯的工作状态（亮/灭）	是否正常（√/×）
24V			P24			Y1		
COM			COM			Y2		
X1			L1			M1		
X2			L2			M2		
X3			L3			Y3		
X4			L4			M3		
X5			L10			Y6		
X6			L16			Y7		
X7						YM1		
X8						Y10		
X9						Y11		
X10						Y14		
X11						Y15		
X12						YM2		
X13						YM3		
X14						Y16		
X15						Y17		
X16						Y18		
X17						Y20		
X18						Y21		
X19						Y22		
X20								
X21								
X22								
X23								
X24								

3．根据表 7-6 中的数据，判断故障位置及其所在的电气回路，写出检测方法及流程，明确下面关键问题。

（1）请描述故障现象，并以文字形式记录下来。

（2）故障涉及的电气回路名称及其功能是什么？

（3）使用什么检测工具？其使用注意事项有哪些？

（4）使用什么测量方法？

（5）需要测量哪些数据？

（6）比较测量值和理论值，填写表 7-7、表 7-8，分析数据。

表 7-7　测量数据比较表（电压测量法）

测量点				
理论值				
测量值				

表 7-8　测量数据比较表（电阻测量法）

测量点				
理论值				
测量值				

（7）根据表 7-7、表 7-8，判断故障位置，修复故障元器件或线路。

三、成果展示

小组代表介绍本小组的维修过程。

四、学习评价

在本学习活动中，学生通过维修示范实例，掌握了判断主控系统故障原因及故障位置的方法，完成了更换、修复故障元器件。根据活动过程评价表 2（见表 7-9）中的评价要点，开展自评、互评、教师评工作。

表 7-9　活动过程评价表 2

姓名：　　　　　　组别：　　　　　　　　　日期：

序号	评价要点	配分	自评	互评	教师评	总评
1	能体现人员安全、设备安全操作要领	15				
2	能判断出主控系统的故障位置	25				
3	能更换、修复故障元器件	25				
4	能正确使用检测工具	25				
5	能有效进行成果展示	10				
小结与建议：						

任务八 修复电梯开关门电路系统故障

任务目标

1. 能准确判断电梯故障是否属于电梯开关门电路系统故障。
2. 能检测并修复电梯开关门电路系统。

任务描述

案例：

某小区2号电梯到达二楼层站后平稳停车，但是电梯门不打开，出现困人情况。

任务：

根据故障现象，采用观察法、测量法等多种方法，判断电梯故障是否属于电梯开关门电路系统故障，制订维修计划，对相关线路进行检测，分析检测数据，找到故障位置，修复故障元器件或线路。

工作流程与活动

1. 判断故障范围，制订维修计划。
2. 分析检测数据，找到故障位置，修复故障元器件或线路。

学习活动一 制订维修计划

学习目标

1. 能说出电梯开关门电路系统的工作过程。
2. 能制订维修电梯开关门电路系统的计划。

建议学时

2学时。

学习准备

教材、实训电梯、万用表、电气开关门电路系统电气原理图。

学习过程

一、知识获取

1. 下列对电梯门开门控制电路检测思路的描述中，正确的是（　　）。

   A. 门机得电驱动电梯门开门→电梯主控系统得到开门指令→开门到位→电梯主控系

统发出开门指令→电梯门机控制器收到开门指令→门机控制器输出门机所需的三相电压→开门限位开关信号传回主控系统→主控系统判断开门到位。

B．电梯主控系统发出开门指令→电梯主控系统得到开门信号→电梯门机控制器收到开门指令→门机得电驱动电梯门开门→门机控制器输出门机所需的三相电压→开门到位→开门限位开关信号传回主控系统→主控系统判断开门到位。

C．电梯主控系统得到开门指令→电梯主控系统发出开门指令→电梯门机控制器收到开门指令→门机控制器输出门机所需的三相电压→门机得电驱动电梯门开门→开门到位→开门限位开关信号传回主系统→主控系统判断开门到位。

2．电梯主控系统发出开门指令的触发方式是（　　）。

A．电平触发　　B．下降沿触发　　C．上升沿触发

3．结合电梯开关门电路系统电气原理图（见图 8-1），说出电梯开关门电路系统的工作过程。

二、技能操作

1．判断故障范围、制订维修流程。

（1）根据乘客描述，电梯能运行到层站位置，但是电梯不开门，请初步判断故障范围。

（2）使电梯处于检修状态，检修运行电梯，观察电梯是否能检修慢车运行。如果电梯能检修慢车运行，请进一步判断故障范围。

2．制订维修计划。

根据电梯开关门电路系统电气原理图（见图 8-1），结合电梯开关门主控器（见图 8-2），制订维修计划。制订维修计划时需要明确以下关键内容。

① 门机控制器的工作电压是否正常？

② 采用多种测量方法，结合测量数据进行分析。

③ 采用电压测量法，如何检测到开门指令？

扫描下方二维码，观看微课视频。

三、成果展示

1．小组代表介绍本小组制订的维修计划。

2．教师评估各小组的维修计划。

3．小组修改维修计划。

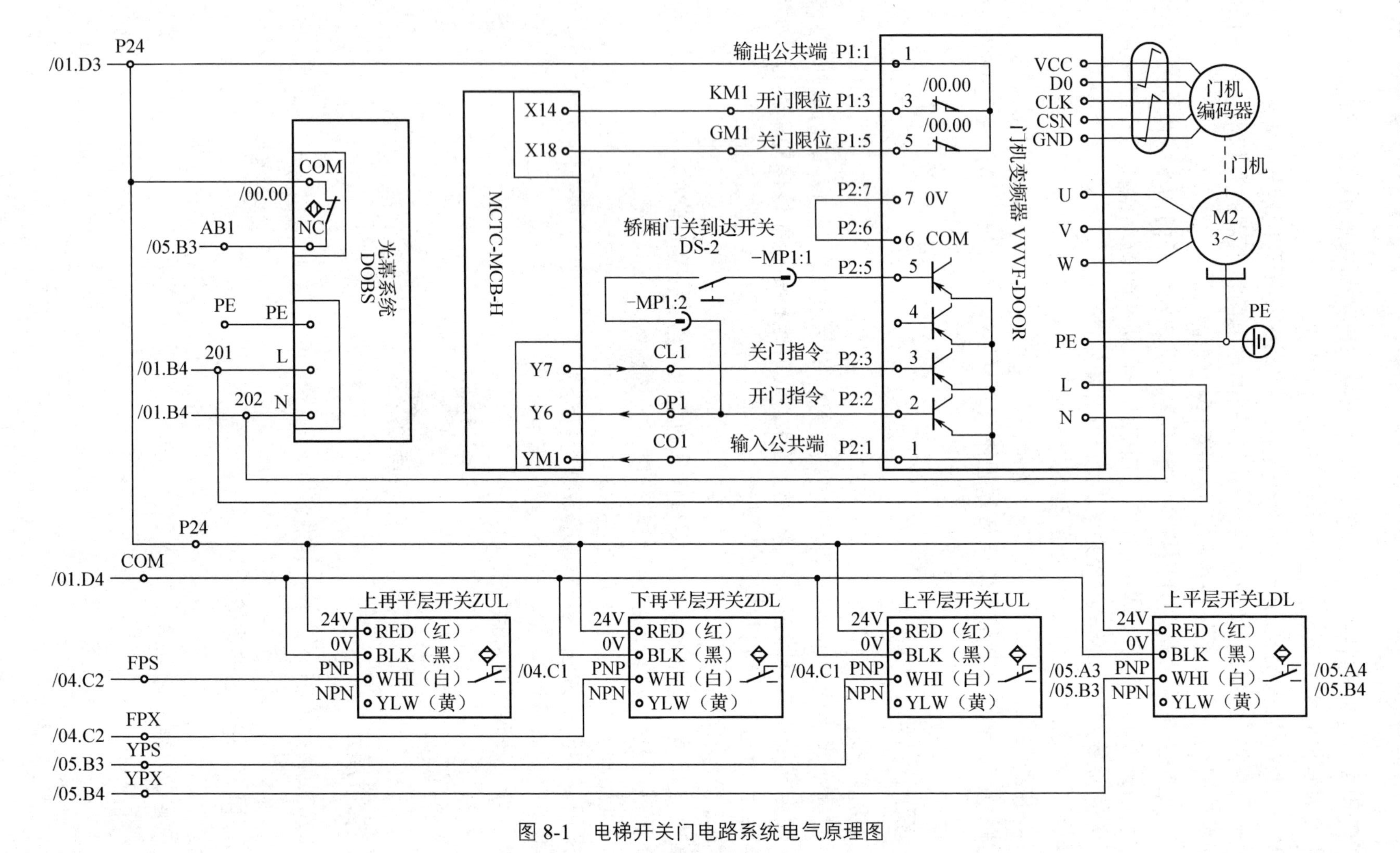

图 8-1　电梯开关门电路系统电气原理图

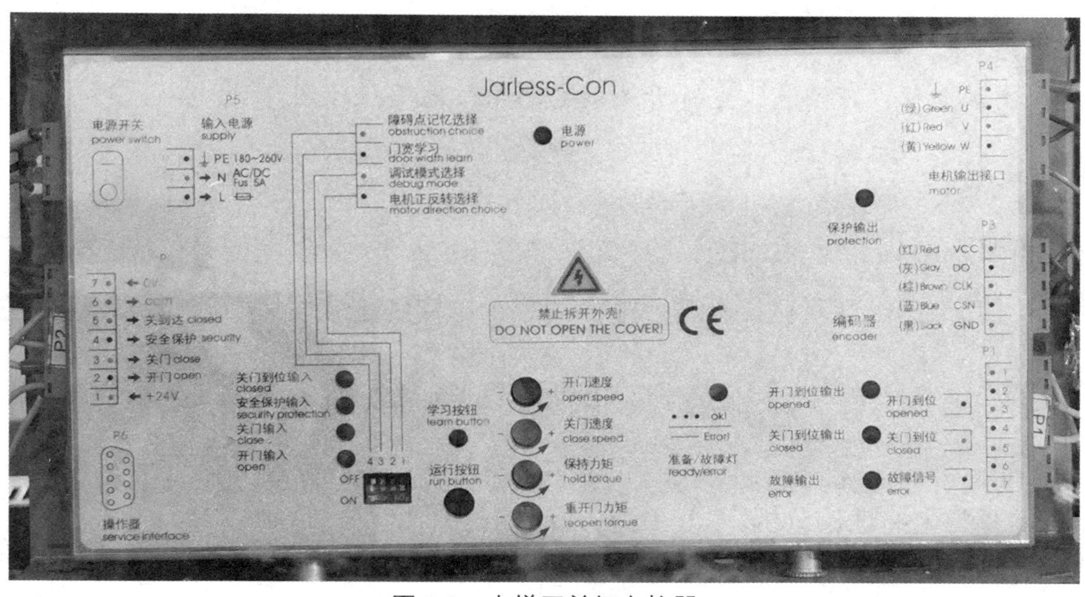

图 8-2　电梯开关门主控器

四、学习评价

在本学习活动中，学生根据电梯开关门电路系统的工作原理，结合电梯开关门电路系统电气原理图，完成了维修计划的制订。根据活动过程评价表 1（见表 8-1）中的评价要点，开展自评、互评、教师评工作。

表 8-1　活动过程评价表 1

姓名：　　　　　　组别：　　　　　　　　　　日期：

序号	评价要点	配分	自评	互评	教师评	总评
1	能说出电梯开关门电路系统的工作原理	15				
2	能判断出故障范围	25				
3	能制订维修计划	25				
4	能正确使用检测工具	25				
5	能有效进行成果展示	10				
小结与建议：						

学习活动二　修复电梯开关门电路系统

学习目标

1. 能测量电梯开关门电路系统各关键点的数据。
2. 能分析测量数据，找出故障点所在的位置。

建议学时

2 学时。

学习准备

教材、实训电梯、万用表、电梯开关门电路系统电气原理图。

学习过程

一、知识获取

扫描下方二维码，观看微课视频，故障现象为电梯到达层站后不开门，分析其中的关键知识点。

1．电梯开门电路理论分析。

电梯运行到开门区或者平层位置，电梯主控系统收到开门区信号 X1、平层位置信号 X19（X20），主控系统 Y6 端发出开门指令，经过机房控制柜接线端 OP1 到达轿顶接线盒接线端 OP1，再到门机变频器开门指令输入端，门机变频器得到开门指令后，在满足门机电源端 201（L 相线）、202（N 中性线）供电 220V 交流电压的情况下，输出门机所需要的电压，门机转动，实现开门动作。

2．根据对电梯开门电路的分析，开展实物测量。

❀问：在测量电路通或断的过程中，有哪两种测量方法呢？

✸答：一是电阻测量法；二是电压测量法。

在测量电路时，往往两种方法结合使用。

❀问：根据分析，首先应测量哪个点的信号？

✸答：（1）因为本案例中，电梯是能运行到开门区且平层的，所以电梯满足运行的基本条件。

（2）因为要想主控系统 Y6 端发出开门指令，需先满足电梯主控系统收到开门区信号 X1、平层位置信号 X19（X20）。所以，先用观察法观察电梯主控系统是否收到这两个信号。

现在观察到，电梯主板上开门区信号 X1、平层位置信号 X19（X20）的信号灯灯亮，说明主控系统 Y6 端发出开门指令的条件得到了满足。

3．发出开门指令的条件得到满足后，用电阻测量法测量相关电路是否正常。

❀问：为什么用电阻测量法测量，而不用电压测量法测量？

✸答：因为电梯开门指令是当电梯平层时，自动开门或者有人内呼、外呼才发出的指令，即电梯开门指令是一个短暂的信号，不容易被测量。

❀问：根据电梯开关门电路系统电气原理图分析，测量时选用什么工具？

✸答：万用表。

❀问：选用什么挡位？

✸答：电阻挡。

❀问：选用哪一个量程？

✸答：选用数字万用表二极管挡（通断挡）或最小电阻挡。

4．在明确测量工具、测量挡位及量程之后，开始测量。

结合电梯开关门电路系统电气原理图，逐个测量主控系统 Y6 端到门机变频器开门指令输入端之间的接线点每两点间的电阻。

（1）主控系统 Y6 端与控制柜接线端 OP1 之间、控制柜接线端 OP1 与其下端之间的电阻值均为零，说明其线路是通的。

（2）进入轿顶，检查接线盒所在线路的通断情况。

按照安全规范程序进入轿顶。

✭问：通电，首先观察门机的什么状态？

✷答：观察门机变频器的电源指示灯是否亮，以判断是否有电压输入门机变频器。

经观察，发现门机变频器电源指示灯亮，排除输入电源故障。

现开始测量轿顶接线盒接线端 OP1 上位接点与门机变频器开门指令输入端之间的电阻值。

经测量，发现电阻值为无穷大，由此可判断所测线路开路，进一步缩小测量点范围，发现轿顶接线盒接线端 OP1 下位接点的接头螺钉松动，导致线路开路。

把轿顶接线盒接线端子 OP1 下位接点松动的接头螺钉拧紧，按照安全规范程序退出轿顶。

通电，运行电梯，电梯可以正常开门、关门，故障排除，电梯恢复正常。

二、技能操作

根据维修计划，结合图 8-1，实施操作，填写以下关键点数据。

1．检测门机变频器的工作电压。

测量点 201 处的电压为______V，测量时，测量参考点（黑表笔放置点）是______。

2．检测电梯主控系统板开门指令、关门指令输出端的工作状态，有无开、关门指令发出。

（1）如何检测开门指令？

（2）电压测量法：电梯主控系统板开门指令输出端 Y6 的电压为______V。

电阻测量法：Y6-OP1 之间的电阻值为______Ω。

3．检测门机变频器是否接收到电梯主控系统送来的开门指令、关门指令，以及是否向门机输出电压。

（1）如何检测开门指令？

（2）电压测量法：门机控制器接收到的开门指令的电压为______V。

电阻测量法：OP1 与门机插件端口之间的电阻值为______Ω。

4．检测门机有无接收到门机变频器输出的电压。

（1）如何检测门机变频器输出的电压？

（2）结合图 8-2 说明门机控制器输出端的电压：U 端为______V，V 端为______V，W 端为______V。

5．各组根据测量结果进行讨论，找出故障点所在的位置。

6．修复故障元器件或线路。

三、成果展示

小组代表介绍本小组的检修过程。

四、学习评价

在本学习活动中，学生结合电梯开关门电路系统电气原理图和维修计划，测量电路关键点数据，分析测量数据，找到故障点所在的位置。根据活动过程评价表 2（见表 8-2）中的评价要点，开展自评、互评、教师评工作。

表 8-2　活动过程评价表 2

姓名：　　　　组别：　　　　日期：

序号	评价要点	配分	自评	互评	教师评	总评
1	能注意人员安全、设备安全要素	15				
2	能正确测量关键点数据	25				
3	能分析测量数据，找到故障点所在的位置	25				
4	能正确使用测量工具	25				
5	能有效进行成果展示	10				
小结与建议：						

任务九 修复电梯制动器故障

任务目标

1. 能辨识制动器的类型，分析制动器的结构及其作用。
2. 能说出制动器的工作原理。
3. 能发现制动器的故障。
4. 能对制动器进行规范的检查与调整。
5. 能对制动器的电气控制系统进行检修。

任务描述

案例：

一个电梯维修人员的自述：有一次，领导发现我们坐在办公室里无所事事，安排我带着一位同事去检查一个小区的电梯制动器的使用情况，并调整制动闸瓦间隙。

我们上午十点半去到现场，调试好了几台电梯后，准备开车回单位吃午饭。这时，物业通知我们有一台电梯出现故障，且听到很大的撞击声。我们立即来到一楼门口，打开一楼层门查看，发现电梯对重直接压在缓冲器上，复绕曳引绳均脱离绳轮超过1m。我们马上乘坐另一台电梯上到顶楼机房，经查看，地面均已被绳轮冲击损坏。这是大型电梯故障，我们赶紧到顶层，打开层门查看轿厢位置及被困人员的情况，发现没有人员被困。

下午，我们带着工具来到故障电梯机房检查原因，发现制动器左、右两侧的检测开关没有接线，经仔细检查发现，开关没有压在打板上，用盘车手轮盘车，发现仍然能盘动曳引机。这让我很纳闷，经深入思考及检查，判断故障是制动器在打开后没能合闸造成的。但是，即使制动器没能合闸，电梯也不会快速溜车冲顶。后来经过仔细观察，发现制动闸瓦没有磨损，制动器没能在停车时及时合闸的原因是制动器自身出现了问题。

任务：

辨识制动器的类型，观察本案例中制动器的结构，明确各结构的作用，结合电梯技术相关标准，修复案例中的制动器。

工作流程与活动

1. 辨识制动器的类型，分析制动器的结构及其作用。
2. 选择合适的拆装工具、测量工具，按照电梯技术相关标准，修复电梯制动器。
3. 分析制动器电气控制系统电气原理图，对制动器的电气控制系统进行检修。

学习活动一　辨识类型、分析结构及作用

学习目标

1. 能辨识制动器的类型。
2. 能明确制动器的结构。
3. 能掌握制动器各结构的作用。

建议学时

1 学时。

学习准备

制动器、计算机、互联网。

学习过程

一、知识获取

扫描下方二维码，观看微课视频，获取制动器机械系统知识。

抱闸装置是制动器的别称。制动器发生机械故障往往会造成电梯急停、溜车、不平层、无法正常运行等情况。制动器的作用是使轿厢停靠准确，同时使电梯在停车时不因为轿厢与对重的质量差而发生溜车。

制动器是当电梯轿厢处于静止且曳引机处于失电状态时，防止电梯再移动的机电装置，其会在曳引机断电时刹住电梯。其控制方式一般是得电时制动器松开，失电时制动器抱紧。制动器的常见形式有两种：一种是鼓式制动器；另一种是碟式制动器。鼓式制动器的零部件相对便宜，损坏后维修费用低，散热性较差，长时间使用或进水后，制动效果会差一些。碟式制动器的主要优点是在高速刹车时能迅速制动，散热效果优于鼓式制动器，制动效能的恒定性好。

制动器各主要零部件的功能如下。

铁芯调整螺母：通过调整其位置可以使活动铁芯处于合适的位置，保持适当的动作行程，以免松闸时撞击衔铁，闭闸时撞击手动松闸凸轮。

活动铁芯顶杆：通过对其进行调整可以控制松闸的力度，在压缩弹簧最大松闸间隙形成的前提下，控制制动臂的行程及制动闸瓦与闸鼓之间的工作间隙。

压缩弹簧：通过调整其压缩量可控制制动臂抱紧的力度，压缩量过大会导致松闸困难。

制动闸瓦顶紧螺杆：通过调整其位置可使制动臂与闸鼓的接触面吻合。

制动器拉杆：其对制动力形成与否起着决定性作用，控制压缩弹簧最大松闸间隙。

锁紧螺母：各螺杆调整完位置后，防止制动器动作时制动闸瓦顶紧螺杆移动位置。

弹簧标尺：制动臂在恢复原制动力时的参考标记。

制动器检测开关：通过开关触点的开闭状态来检测两侧制动臂的工作状态。

1．辨识图 9-1～图 9-3 所示的三种类型的制动器，写出它们的类型。

图 9-1　制动器 1　类型：________________

图 9-2　制动器 2　类型：____________________

图 9-3　制动器 3　类型：________________

2．结合制动器结构示意图（见图 9-4），写出图中序号对应的结构名称及其作用，并填入表 9-1。

图 9-4　制动器结构示意图

表 9-1　制动器信息表

序号	结构名称	作用
1		
2		
3		
4		
5		
6		
7		
8		
9		
10		

3．请说出制动器的工作过程。

三、成果展示

小组代表介绍制动器的结构及其作用。

四、学习评价

在本学习活动中，学生通过对制动器结构及其作用的学习，明确了制动器的工作过程。根据活动过程评价表 1（见表 9-2）中的评价要点，开展自评、互评、教师评工作。

表 9-2　活动过程评价表 1

姓名：　　　　　　组别：　　　　　　　　　日期：

序号	评价要点	配分	自评	互评	教师评	总评
1	能辨识制动器的类型	15				
2	能写出制动器的结构名称	25				
3	能写出各结构的作用	25				
4	能说出制动器的工作过程	25				
5	能体现团队合作意识	10				
小结与建议：						

学习活动二　修复鼓式制动器

学习目标

1. 能规范拆卸压缩弹簧、制动闸瓦、活动铁芯。
2. 能检查制动器的使用状况。
3. 能判断压缩弹簧、制动带、销轴等是否需要更换。
4. 能规范安装制动器。
5. 能对压缩弹簧、活动铁芯、制动闸瓦进行调整。
6. 能正确使用拆装工具、测量工具。

建议学时

3 学时。

学习准备

制动器、测量工具、拆装工具。

学习过程

一、知识获取

1．制动器间隙的机械调整要求。

国标规定，交流双速电梯制动器间隙左右两侧四个角位置平均值均不大于 0.7mm。各电梯厂家的制动器间隙有厂标要求，在进行维修与保养时，可根据对应要求进行调整。制动器张开时，制动闸瓦与闸鼓的间隙一般应为 0.4～0.5mm，无摩擦。

2．检查制动器制动片的磨损。

国标要求，制动闸瓦的磨损应均匀，当磨损量为制动闸瓦厚度的 1/4～1/3 时，应更换。例如，厚度应为 6mm，当磨损量超过 2mm 时就需要更换了。

3．活动铁芯行程。

横式活动铁芯的行程是 1.5mm，竖式活动铁芯的行程应根据铭牌上的要求进行调整。

4．制动器调整方法。

（1）活动铁芯行程的调整：松开制动臂两端的活动铁芯顶杆锁紧螺母，先用扳手将活动铁芯顶杆逆时针旋转至与活动铁芯螺杆完全相离；接着将其顺时针旋转至与活动铁芯螺杆刚好接触上；然后顺时针旋转 2.5 圈，推动活动铁芯螺杆，使活动铁芯向内移动 5mm；最后给制动器通电，松闸时活动铁芯向外移动的最大行程应为 3.7mm。若行程小，则应顺时针旋转活动铁芯顶杆来增大行程；反之，则逆时针旋转活动铁芯顶杆。制动器打开时听活动铁芯有无撞击端盖的声音，以不撞击端盖且间隙最小为宜。调整完成后，将活动铁芯螺杆锁紧螺母和活动铁芯顶杆锁紧螺母均锁紧。

（2）制动闸瓦与闸鼓吻合度的调整：活动铁芯锁紧螺母用来调节活动铁芯压缩弹簧（在活动铁芯端盖防尘胶套内）的压力，减小闭闸时的噪声。调节要点：当松闸时，活动铁芯锁紧螺母与压缩弹簧微受力即可（压缩弹簧在自由状态，旋转活动铁芯锁紧螺母至与压缩弹簧刚好接触，接着将其顺时针旋转 1 圈锁紧）。当压缩弹簧产生足够大的压力压紧制动臂时，制动闸瓦与闸鼓面紧贴在一起。此时调整制动闸瓦下部的顶紧螺杆，使其刚好顶在制动闸瓦下端的两平面上，顶力不要过大，调好后将顶杆的锁紧螺母锁紧即可。

（3）松闸间隙的调整：松开制动臂拉杆锁紧螺母，送电松闸，用塞尺检查制动闸瓦下端与闸鼓的间隙，越小越好，以不摩擦为宜。若松闸间隙过大，则顺时针调整制动臂拉杆；若间隙过小，则逆时针调整制动臂拉杆。间隙调整好后将锁紧螺母锁紧以防制动臂拉杆松动。

（4）抱紧力及制动臂同步与否的调整：将压缩弹簧端的锁紧螺母松开，使弹簧处于自由状态，旋转调整螺母，使垫片与压缩弹簧微受力接触，将此位置视为弹簧力调整的基准点。调整压紧螺母以获得足够的抱紧力（可手动盘车初试）。送电松闸，观察两侧制动臂的运动是否同步。在抱紧力足够的前提下，松闸时，若一快一慢，则慢的一侧应减小弹簧力；反之，则应增大弹簧力。闭闸时，若一快一慢，则慢的一侧应增大弹簧力。

（5）制动器检测开关的调整：在以上各项均调整到位后，将制动器检测开关安装好，通过顺时针旋转制动臂上的开关顶杆调整开关动作后，锁紧开关顶杆上的锁紧螺母。

二、技能操作

1．根据示范视频，写出拆卸图 9-4 所示制动器的顺序。

2．拆卸图 9-4 所示的制动器。

注意：拆卸下来的组件应整齐排序，放置在地板上。

3．判断制动器各组件是否需要更换，主要查看压缩弹簧、制动带、销轴。

4．更换组件，规范安装各组件。

5．根据电梯技术相关标准，对安装后的压缩弹簧、活动铁芯、制动闸瓦进行调整，写出调整标准。

（1）压缩弹簧：

（2）活动铁芯：

（3）制动闸瓦：

6．写出拆卸过程中需用到的测量工具。

三、成果展示

小组代表介绍本小组操作的优缺点。

四、学习评价

在本学习活动中，学生根据制动器的工作过程，完成了压缩弹簧、制动闸瓦、活动铁芯的拆卸，检查了制动器的使用状况，准确判断出压缩弹簧、制动带、销轴等是否需要更换。根据活动过程评价表2（见表9-3）中的评价要点，开展自评、互评、教师评工作。

表9-3　活动过程评价表2

姓名：　　　　　　　组别：　　　　　　　　　　　日期：

序号	评价要点	配分	自评	互评	教师评	总评
1	能正确使用工具	15				
2	能规范拆卸压缩弹簧、制动闸瓦、活动铁芯	25				
3	能检查制动器的使用状况，判断压缩弹簧、制动带、销轴等是否需要更换	25				
4	能规范安装制动器，并对压缩弹簧、活动铁芯、制动闸瓦进行调整	25				
5	能体现团队合作意识	10				
小结与建议：						

学习活动三　维修制动器电气控制系统

学习目标

1. 能区分制动器电气控制系统的主控回路、被控回路。
2. 能检测制动器电气控制系统的主控回路、被控回路的电压。
3. 能根据计划，规范使用检测工具，分析检测数据，判断故障范围。

建议学时

4学时。

学习准备

实训电梯、制动器电气控制系统电气原理图、检测工具。

学习过程

一、知识获取

扫描下方二维码，观看微课视频，获取制动器电气控制系统的相关知识。

电梯的制动器就像汽车的刹车装置，当汽车需要行驶时，刹车装置松开轮毂；当汽车需要停止时，刹车装置夹紧轮毂。同样，当电梯需要运行走梯时，制动器松开曳引轮，当电梯需要停梯时，制动器抱紧曳引轮。

如果电梯制动器电气控制系统出现了问题，那么电梯制动器就不能松开曳引轮，导致电梯无法运行。如何判断是否是制动器电气控制系统出现了问题呢？如何对制动器电气控制系统进行检修呢？

给电梯通电，首先给配电箱总电源开关通电，然后给控制柜电源开关通电，通电后，检修运行电梯，发现安全接触器吸合工作、门锁继电器吸合工作、运行接触器吸合工作，但是，制动器接触器没有吸合工作，电梯制动器没有松开，电梯无法运行。

这说明电梯制动器电气控制系统出现了问题，现先分析电梯制动器线圈电气控制回路的电气原理图（见图 9-5）。

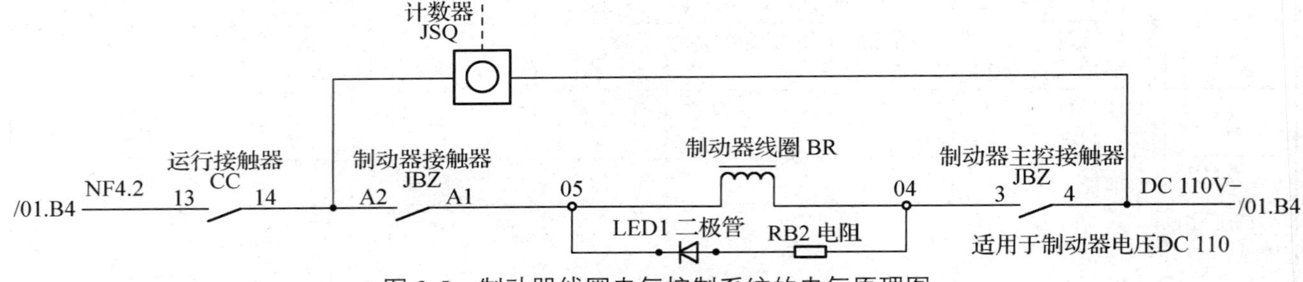

图 9-5　制动器线圈电气控制系统的电气原理图

电梯电源变压器变压后形成 110V 直流电压，电流从正极经过断路器 NF4、运行接触器 CC.13 端和 CC.14 端、制动器接触器 JBZ.A2 端和 JBZ.A1 端、制动器线圈 BR、制动器主控接触器 JBZ.3 端和 JBZ.4 端，回到电梯电源变压器负极，形成控制回路。

通过对电梯制动器电气控制系统的电流走向进行分析可知，电梯制动器线圈需要得电松开制动器，电梯才能运行。

✪问：电梯制动器线圈得电的条件有哪些？

✸答：电梯制动器线圈得电的条件如下。

① 电梯电源变压器变压后形成 110V 直流电压。

② 断路器 NF4 正常有效。

③ 运行接触器 CC 及其触点 CC.13、CC.14 有效。

④ 制动器接触器及其控制回路、制动器接触器触点 JBZ.A2 和 JBZ.A1、制动器主控接触

器触点 JBZ.3 和 JBZ.4 有效。

⑤ 制动器有效。

现观察到的现象是制动器接触器没有吸合动作，说明问题不在制动器本身，需要检查的是电梯制动器电气控制回路。

但是，在电梯制动器线圈得电的条件中的制动器接触器与其控制回路不在同一个电气回路。分析图 7-2：

制动器接触器供电由门锁继电器 JMS.13 端引来，进入电梯主控系统供电端 M2，当电梯主控系统判断需要松开制动器时，主控系统 Y2 端输出电流给制动器接触器 A1 端，如果该制动器接触器正常，那么电流经该制动器接触器 A2 端回到交流 110V 零线端，形成制动器接触器控制回路。

经过分析，制动器电气控制系统需要通过两条控制回路控制制动器线圈，即制动器线圈控制回路（被控回路）、制动器接触器控制回路（主控回路），但是这两条控制回路所用的电压不相同，一个是 110V 直流电压，另一个是 110V 交流电压。

可以用电压测量法找出故障位置。

测量方法：

测量主控回路的各点电压。

测量结果分析：

因为主控回路的电源从门锁继电器 JMS.13 端引来，而门锁继电器是吸合的，所以测量电梯主控回路电源端 M2，在检修上行或下行状态下，测量输出电压端 Y2、制动器接触器 JBZ.A1 端是否有 110V 交流电压。

测量操作：

① 将万用表的黑表笔置于主控回路的 110V 交流负极（参考点）。

② 测量各点电压。

测量结果分析：

有电压的测量点和没有电压的测量点之间就是故障点所在的位置，故障点包括两个测量点之间的线路及设备。

如果制动器接触器吸合后，制动器仍然没有工作，那么进一步测量被控回路的各点电压。

测量方法：

逐点测量 110V+端、断路器 NF4、运行接触器 CC.13 端和 CC.14 端、制动器接触器 JBZ.A2 端和 JBZ.A1 端、制动器线圈 BR.05 端和 BR.04 端、制动器主控接触器 JBZ.3 端和 JBZ.4 端的电压，是否有 110V 直流电压。

测量操作：

① 将万用表的黑表笔置于被控回路的 110V 负极（参考点）。

② 测量各点电压。

测量结果分析：

有电压的测量点和没有电压的测量点之间就是故障点所在的位置，故障点包括两个测量点之间的线路及设备。

对于本案例来说，排查故障的难点在于涉及制动器接触器、制动器电气控制回路的分析和测量，并且这两条控制回路的电压类型不同，即主控回路的电压是交流 110V，被控回路的电压是直流 110V；重点在于分析主控回路、被控回路的控制原理。

二、技能操作

1．思考以下两个问题。

（1）如何判断是否是电梯制动器电气控制系统出现了问题呢？

（2）如何对制动器电气控制系统进行检修呢？

2．回答问题。

（1）制动器被控回路由哪些元器件组成？

（2）说出制动器电气控制系统被控回路的电压类型、电压。

（3）说出制动器电气控制系统的控制器件名称、电压类型、电压。

3．说出电梯制动器主控回路、被控回路的工作过程。

4．维修操作。

（1）写出如何根据电梯故障现象判断是电梯制动器电气控制系统出现故障。

（2）写出维修计划。

提示：①制动器电气控制系统主控回路检测；②制动器电气控制系统被控回路检测。

（3）根据维修计划开展维修操作。

三、成果展示

小组代表介绍主控回路、被控回路的工作过程。

四、学习评价

在本学习活动中，学生分析了制动器电气控制系统及制动器电气控制回路中的主控回路、被控回路的电压，选择合适的检测工具，分析检测数据，判断故障范围。根据活动过程评价

表 3（见表 9-4）的评价要点，开展自评、互评、教师评工作。

表 9-4 活动过程评价表 3

姓名： 组别： 日期：

序号	评价要点	配分	自评	互评	教师评	总评
1	能区分制动器电气控制系统的主控回路、被控回路	10				
2	能区分制动器电气控制系统的主控回路、被控回路的电压	25				
3	能写出维修计划	25				
4	能根据维修计划，规范使用检测工具，分析检测数据，判断故障范围	30				
5	能体现团队合作意识	10				
小结与建议：						

任务十　修复层门系统故障

任务目标

1. 能说出电梯层门系统的组成及工作过程。
2. 能根据有关参数修复层门系统。

任务描述

案例：视频

赣州市南康区某小区的业主经历了一次“电梯惊魂”，4 名业主在乘坐电梯时，电梯突然停住，并被卡在 17、18 层之间，其中惊险可想而知。

当日，家住 25 层的温先生乘坐电梯回家，就在电梯到达 18 层时，出现了异常，突然向下掉了半层并停了下来。当时和温先生一起在电梯里的，还有另外 3 名业主，物业工作人员和电梯维修人员赶到时，发现电梯层门左门脱落，右门变形，如图 10-1 所示。电梯停在了 17 层和 18 层中间，在他们的帮助下，温先生和其他 3 人脱困。

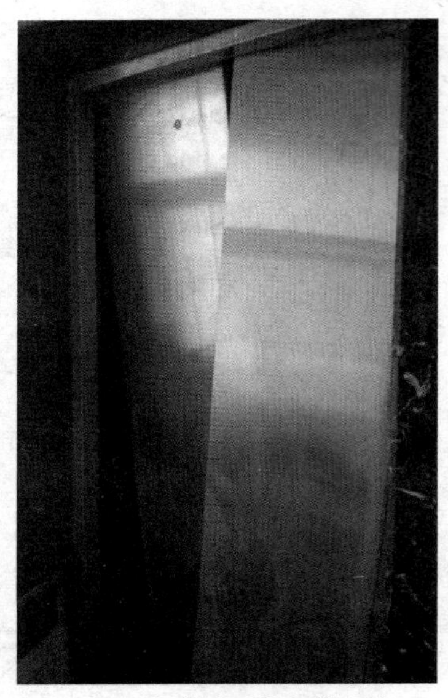

图 10-1　损坏的电梯层门

任务：

作为电梯维修人员，前往小区，对损坏的电梯层门进行拆除，并依据有关国标参数，对损坏的电梯层门进行修复。

工作流程与活动

1. 拆除已损坏的层门及关联器件，判断它们是否可以继续使用。
2. 根据有关国标参数，修复或者更换层门。

学习活动一　拆除损坏的层门

学习目标

1. 能按照器件顺序，拆除损坏的层门及关联器件。
2. 能说出层门系统各器件的作用。

建议学时

2 学时。

学习准备

教材、实训电梯、拆卸工具。

学习过程

一、知识获取

扫描下方二维码，观看拆除损坏的层门微课视频。

1．明确层门系统的构成及其作用，填写表 10-1。

表 10-1　层门系统的构成及其作用

序　　号	器件名称	器件作用

2．按照拆卸损坏的层门及关联器件的顺序，补充完成图 10-2。

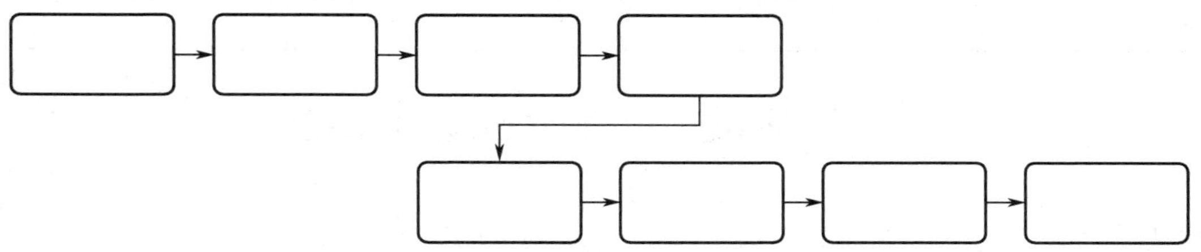

图 10-2　拆卸损坏的层门及关联器件流程图

二、技能操作

根据层门系统结构图（见图 10-3）中的标号顺序，拆卸损坏的层门及关联器件。

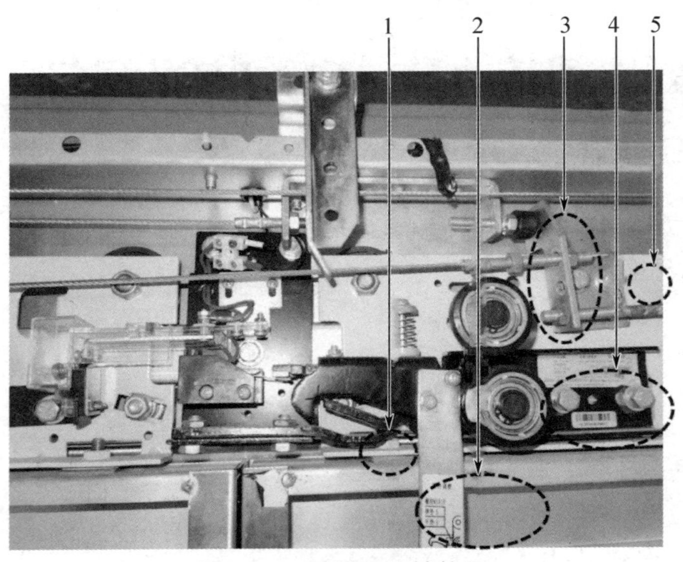

图 10-3　层门系统结构图

三、成果展示

小组代表介绍层门系统各器件的作用和拆除过程。

四、学习评价

在本学习活动中，学生不仅明确了层门系统的构成及其作用，还完成了损坏的层门及关联器件的拆卸。根据活动过程评价表 1（见表 10-2）中的评价要点，开展自评、互评、教师评工作。

表 10-2　活动过程评价表 1

姓名：　　　　　　　组别：　　　　　　　　　日期：

序号	评价要点	配分	自评	互评	教师评	总评
1	能明确层门系统的构成及其作用	15				
2	能写出拆卸顺序	25				
3	能拆卸损坏的层门	25				
4	能保护层门系统的器件	25				
5	能体现团队合作意识	10				
小结与建议：						

学习活动二　修复层门系统

学习目标

1. 能看懂层门安装技术图纸。
2. 能根据层门安装技术图纸标示的参数，有顺序地重新安装层门系统。

4 学时。

教材、实训电梯、拆装工具、层门安装技术图纸。

一、知识获取

扫描下方二维码，观看修复层门系统的微课视频。

电梯门分为层门和轿厢门。层门的开与关是通过安装在轿厢门上的开门刀片来实现的，每个层门都装有一把门锁。层门关闭后，门锁的机械锁钩啮合，同时层门与轿厢门联锁触头闭合，电梯控制回路接通，此时电梯才能运行。轿厢门安全开关能保证在层门没有安全关闭到位，或者没有锁好的情况下，电梯不能正常运行。

1．电梯门的基本组成。

电梯门由门扇、门滑轮、层门地坎、门导轨架等部件组成。层门和轿厢门都由门滑轮悬挂在门的导轨（或导槽）上，下部通过门滑块与其地坎相配合。

2．层门系统的组成。

层门系统的组成包括层门导轨架、门挂板、门板、偏心轮、门锁、紧急开锁装置、强迫关门装置、门套、层门导轨架安装支架和 M16 膨胀螺栓等。

3．技术标准。

层门关闭后，对于门扇与门扇、门扇与立柱、门扇与门楣、门扇与地坎之间的间隙，乘客电梯不大于 6mm，载货电梯不大于 8mm。

层门地坎平面水平误差不大于 1‰，且应高于楼板地面 2～5mm。

门套立柱间距为开门宽度±1mm；层门导轨面与地坎槽表面的允许误差不大于 1mm；门扇垂直度不大于 2mm。

门挂板上的偏心轮与其导轨之间的间隙为 0.5mm；层门门锁钩下平面与门锁钩座上平面之间的间距为 2mm；层门门锁钩的啮合深度不小于 7mm；门锁锁紧电气验证主触点、副触点的压缩行程为（4±1）mm。

二、技能操作

根据层门安装技术图纸（见图 10-4），结合层门系统结构实物图（见图 10-5），填写安装层门系统的主要参数及安装工序表（见表 10-3）。

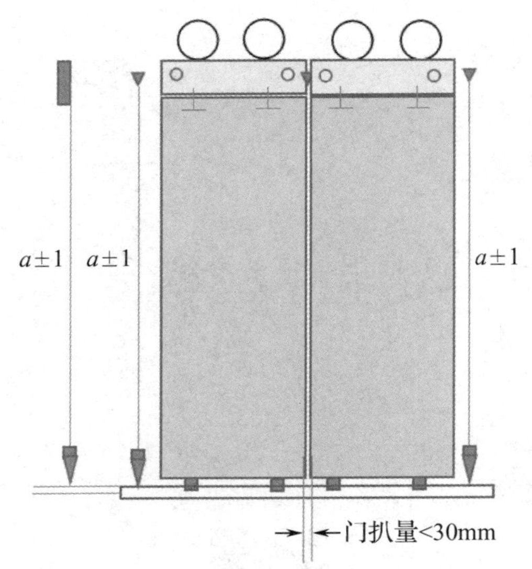

图 10-4 层门安装技术图纸

图 10-5 层门系统结构实物图

1．在电梯处于检修状态下，按照安全规范要求进入轿顶。
2．切断电梯总控制电源。
3．按照安全规范要求设置安全护栏。
4．拆卸层门门锁。
5．拆卸门扇。
6．拆卸层门自动闭门装置钢丝绳。
7．拆卸门挂板。
8．清洁门导轨、地坎槽、门挂板轮、偏心轮。
9．安装门挂板、自动闭门装置钢丝绳。
10．调整偏心轮，使其与层门导轨之间的间隙为______mm。
11．安装门扇。
12．调整门扇，使两门扇之间的平行度为______mm。
13．调整门扇，使两门扇之间的门缝为______mm。
14．在任何位置拉门，阻力应不大于______N。
15．______mm≤层门的门扇与其门套之间的间隙、门扇间隙、门扇与其地坎之间的间隙≤______mm。

16．调整防撞螺钉，使关门时无撞击声。
17．复位电梯总控制电源。
18．手动开关层门，运行层门，无异响。
19．安装滚动轴。
20．安装门锁钩。锁钩、锁臂、电气触点动作灵活，在电气触点动作之前，门锁钩的啮合深度≥______mm。

表 10-3　安装工序表

序号	工序	操作项目
1	拆装前准备工作	
2		
3		
4	拆卸	
5		
6		
7		
8	清洁	
9		
10	安装	
11		
12		
13		
14		
15		
16		
17		
18		
19	运行	
20		

三、成果展示

小组代表介绍安装层门系统的主要参数和拆装过程。

四、学习评价

在本学习活动中，学生通过识读层门安装技术图纸，完成了层门系统的安装。根据活动过程评价表 2（见表 10-4）中的评价要点，开展自评、互评、教师评工作。

表 10-4 活动过程评价表 2

姓名： 组别： 日期：

序号	评价要点	配分	自评	互评	教师评	总评
1	能识读层门安装技术图纸	15				
2	能写出安装工序	25				
3	能正确安装层门系统	25				
4	能保护层门系统的器件	25				
5	能体现团队合作意识	10				
小结与建议：						

任务十一　修复电梯不平层故障

任务目标

1. 能说出电梯平层的原理。
2. 能分析电梯不平层故障的类型，判断不平层故障的产生原因。
3. 能修复引起电梯不平层的故障元器件。

任务描述

案例：

某校区 A 电梯，一名老人乘坐电梯，走进电梯时，因电梯轿厢地坎低于层门地坎，导致该老人摔跤。后经物业运行电梯观察，发现电梯运行到所有楼层停车时，轿厢地坎均低于层门地坎，如图 11-1 所示。

图 11-1　轿厢地坎低于层门地坎

任务：

明确电梯平层的原理，结合案例中电梯不平层故障的现象，运行电梯，观察电梯停车时的平层情况，分析故障类型，判断故障原因，修复故障元器件。

工作流程与活动

1. 明确电梯平层的原理。
2. 分析电梯不平层故障的类型，判断本案例中的故障原因。
3. 修复引起电梯不平层的故障元器件。

学习活动一　明确电梯平层的原理

学习目标

1. 能明确电梯平层装置的组成及其作用。
2. 能说出电梯平层的原理。

建议学时

1 学时。

学习准备

实训电梯、教材资料、媒体设备。

学习过程

一、知识获取

扫描下方二维码，观看电梯平层的相关微课视频。

1. 电梯平层装置

电梯平层装置由平层隔磁板装置和平层感应装置组成。常用的平层感应装置有永磁感应器和光电感应器两种，大部分光电感应器都比永磁感应器贵。

（1）光电感应器。

光电感应器的工作原理：当遮光板插入 U 形槽时，光电感应器因光线被遮住而使触点动作。U 形槽两端有发射器和接收器，当遮光板插入 U 形槽时，会阻断光轴，光电开关检测到一个开关信号，反馈给主控系统。光电感应器的结构复杂，故障率高，易被灰尘干扰，常用于高速电梯。

（2）永磁感应器。

永磁感应器的工作原理：当永磁感应器中未放入永久磁铁时，干簧管继电器处于原位，其常开触点断开，常闭触点闭合；当永磁感应器中放入永久磁铁时，干簧管继电器动作，其常开触点闭合，常闭触点断开。把具有高磁导率的隔磁板插入永久磁铁和干簧管继电器之间，由于永久磁铁的磁场被隔磁板隔离，干簧管继电器复位。

（3）电梯平层的原理。

每台电梯的轴端都装有一个旋转编码器，在电梯运行时会产生数字脉冲信号。控制系统中有一个位置脉冲累加器，当电梯上行时，位置脉冲累加器接收旋转编码器发出的脉冲，数值增加；当电梯下行时，位置脉冲累加器接收旋转编码器发出的脉冲，数值减少。

安装好的电梯在正式运行前的调试过程中，应进行井道自学习（电梯楼层基准位置数据的采集）。井道自学习可以通过特定的指令自动学习，也可以通过人工操作手动学习。由于轿厢外侧装有平层感应装置，对应装有遮光板（隔磁板），所以电梯在自下而上的运行过程中，轿厢每到达一层的平层位置，平层感应装置就动作一次。在井道自学习过程中，控制系统就会记下每一层平层感应装置动作时位置脉冲累加器的数值，作为每一层的基准位置数据。

在正式运行过程中，电梯控制系统会采用比较位置脉冲累加器数值和楼层基准位置数据的方法，得到电梯的楼层信号，并准确平层。

2．电梯平层的标准

根据《电梯技术条件》（GB/T 10058—2009）、《电梯制造与安装安全规范》（GB/T 7588.1—2020）中的相关规定，电梯轿厢的平层准确度宜在±10mm 范围内，平层保持精度宜在±20mm 范围内。

二、技能操作

1．根据表 11-1 中的物品图片，明确电梯平层装置的组成及其作用，将表 11-1 补充完整。

表 11-1　电梯平层装置的组成及其作用

物品图片	物品名称	安装位置	作用

2．观看电梯平层原理的讲解视频，结合教材资料，小组代表介绍电梯平层的原理。

（1）观看电梯平层原理讲解视频。

（2）介绍电梯平层的原理。

三、成果展示

1．小组代表提出感到困惑的知识点。

2．教师解答相关知识点。

四、学习评价

在本学习活动中，学生通过了解电梯平层装置的组成及其作用，明确了电梯平层的原理。根据活动过程评价表1（见表11-2）中的评价要点，开展自评、互评、教师评工作。

表11-2　活动过程评价表1

姓名：　　　　　　　　组别：　　　　　　　　　　日期：

序号	评价要点	配分	自评	互评	教师评	总评
1	能明确电梯平层装置的组成	15				
2	能明确电梯平层装置的作用	25				
3	能说出电梯平层的原理	25				
4	能提出感到困惑的知识点	25				
5	能体现团队合作意识	10				
小结与建议：						

学习活动二　修复电梯不平层电气线路故障

学习目标

1. 能分析电梯不平层电气线路故障的类型。
2. 能判断电梯不平层电气线路故障的产生原因，修复故障元器件。

建议学时

4学时。

学习准备

实训电梯、教材资料、媒体设备。

学习过程

一、知识获取

1．不平层的判定方法。

① 测量1楼平层准确度，平层准确度为+2mm。

② 测量2楼平层准确度，平层准确度为+30mm。

③《电梯技术条件》（GB/T 10058—2009）中规定：电梯轿厢的平层准确度宜在±10mm范围内。

结论：2楼的平层准确度不合格，应把2楼的遮光板下调30mm。

2．维修操作流程。

① 按安全规范要求进入轿顶，调节该楼层的遮光板。

② 因为轿厢地坎高于层门地坎30mm，所以将遮光板下调30mm。

③ 调整时，先在遮光板的下方标记好调整的尺寸位置。

④ 用工具把支架固定螺栓拧松 2～3 圈。

⑤ 用锤子往下敲击遮光板支架，使其到达应要下调的位置。

注意：在调整过程中，锤子要在支架两边均匀敲击，防止支架脱落。

⑥ 用直角尺或吊锤检测遮光板是否垂直。

⑦ 检修电梯，使遮光板插入平层感应装置，查看遮光板与平层感应装置配合的尺寸是否均匀。

3．验证功能。

① 调整完毕后，退出轿顶，恢复电梯的正常运行，验证电梯是否平层。

② 如果电梯仍然不平层，那么微调遮光板，直至完全平层。

③ 最后紧固支架固定螺栓。

二、技能操作

1．运行电梯，逐层检查电梯不平层情况，分析电梯不平层电气线路故障的类型及电梯不平层电气线路故障的产生原因，在表 11-3 中本案例一栏中打“√”，写出处理措施。

表 11-3　电梯不平层分析表

故障现象	本案例（√）	可能原因	处理措施
所有楼层越平层			
所有楼层欠平层			
个别楼层越平层			
个别楼层欠平层			
电梯上行、下行时，所有楼层的轿厢地坎均高于层门地坎			
电梯上行、下行时，所有楼层的轿厢地坎均低于层门地坎			
电梯上行、下行时，个别楼层的轿厢地坎均高于层门地坎			
电梯上行、下行时，个别楼层的轿厢地坎均低于层门地坎			
偶尔在某一楼层不平层			
轿厢负载变化时不平层			
按下外呼、内呼均不走梯，但在检修状态下，电梯能运行			
电梯在一楼和二楼之间来回运行数次后，自动保护停梯			

2．根据表 11-3 中的分析结果，修复电梯不平层电气线路故障。

（1）制定维修程序。

提示：维修程序中包括测量故障参数、调整内容。

（2）开展维修操作，填写数据。

根据主控系统电气原理图（见图 11-2）回答以下问题：

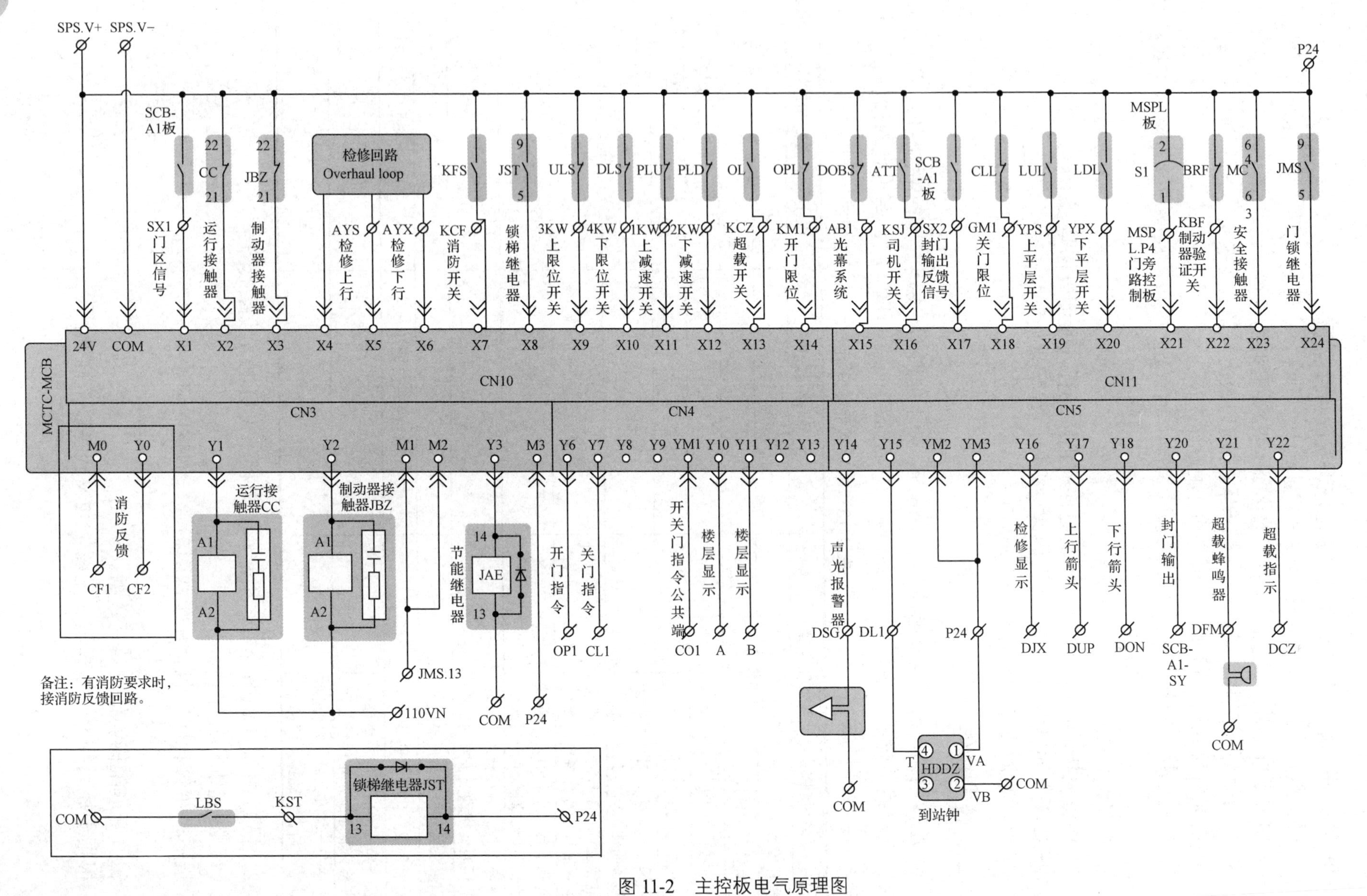

图 11-2　主控板电气原理图

① 上、下平层感应装置所在电气回路的电压类型是什么？

□交流电压　　　　□直流电压

② 上、下平层感应装置所在电气回路的供电电压是多少？

□24V　　　　　　□36V

③ 测量表 11-4 中所示测量点的相关数据，将结果填入表 11-4。分析测量数据，判断测量点的电压是否正常。

表 11-4　平层感应装置线路电压测量数据表

测量回路	测量点	电压/V（电压测量法）	电阻值/Ω 电阻测量法	是否正常
		参考点：	参考点：	
上平层感应装置所在的电气回路	P24			
	YPS			
	X19			
下平层感应装置所在的电气回路	P24			
	YPX			
	X20			

④ 结合表 11-4 中的数据进行分析，故障原因是什么？

⑤ 修复故障元器件或线路。

三、成果展示

小组代表介绍维修过程。

提示：维修过程应包括团队合作情况、维修心得。

四、学习评价

在本学习活动中，学生明确了电梯平层技术参数，完成了电梯不平层电气线路故障的排除工作。根据活动过程评价表 2（见表 11-5）中的评价要点，开展自评、互评、教师评工作。

表 11-5　活动过程评价表 2

姓名：　　　　　组别：　　　　　日期：

序号	评价要点	配分	自评	互评	教师评	总评
1	能准确填写表 11-4 中的内容	15				
2	能明确电梯平层技术参数	25				
3	能制定维修程序	25				
4	能安全开展维修工作，完成维修任务	25				
5	能体现团队合作意识	10				
小结与建议：						

任务十二 曳引绳的检查与更换

任务目标

1. 了解曳引绳的结构与规格。
2. 能对曳引绳的张力进行检查与调整。
3. 能对曳引绳的磨损量、伸长量进行检查。
4. 能更换曳引绳。

任务描述

案例：

如图 12-1 所示，某校区电梯曳引绳出现断股故障。

图 12-1 电梯曳引绳断股

任务：

根据电梯曳引绳的使用标准，更换断股的曳引绳。

工作流程与活动

1. 了解曳引绳的结构与规格。
2. 更换曳引绳。

学习活动一 了解曳引绳的结构与规格

学习目标

了解曳引绳的结构与规格。

建议学时

1 学时。

学习准备

曳引绳、计算机、互联网。

学习过程

一、知识获取

扫描下方二维码，观看微课视频，了解曳引绳的结构与规格。

电梯曳引绳一般是圆形股状结构，主要由钢丝、绳芯组成。钢丝是曳引绳的基本组成件，曳引绳要求钢丝有很高的强度和韧性，由含碳量为 0.4%～1%的优质钢制成。为了防止钢丝具有脆性，钢丝中硫、磷等杂质的含量不应大于 0.035%。当整个曳引绳中钢丝的抗拉强度相同时，称其为单一抗拉强度曳引绳；当曳引绳中外层钢丝与内层钢丝的抗拉强度不同时，称其为双强度曳引绳。

绳股由钢丝捻成，电梯曳引绳一般是 6 股或 8 股。绳芯通常由纤维剑麻或聚烯烃类（聚丙烯或聚乙烯）的合成纤维制成，能起到支承和固定绳股的作用，能储存润滑剂。

二、技能操作

利用书籍、计算机等搜集资料，回答问题。

1．填写图 12-2 所示曳引绳各部分的名称。

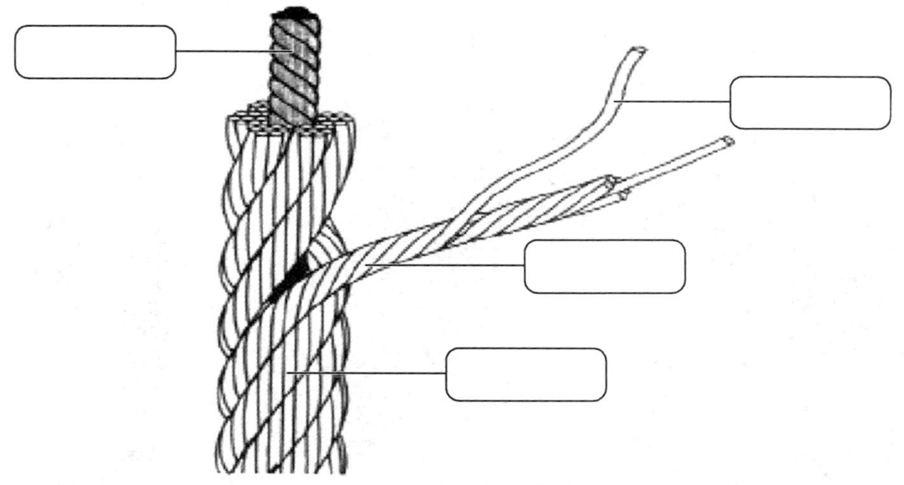

图 12-2　曳引绳的结构

钢丝的作用：

绳股的作用：

曳引绳绳股的数量：

绳芯的作用：

2．曳引绳的种类。

把曳引绳的种类（西鲁式、瓦林吞式、填充式）对应填到图 12-3 的横线上。

6×19S+1WR

____

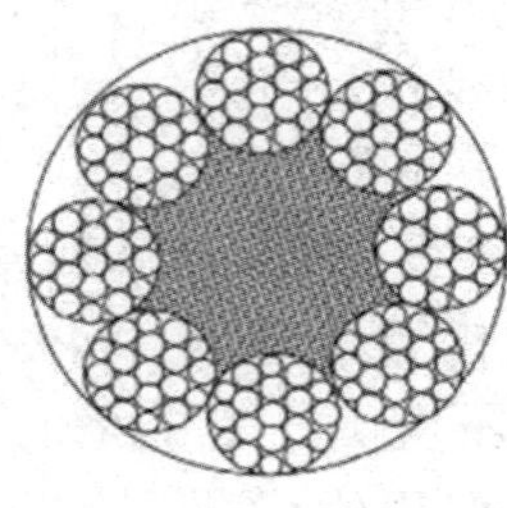

8×19W+1FC

____

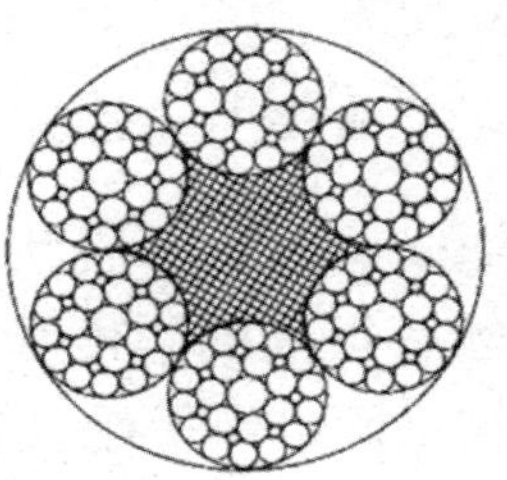

6×29Fi+FC

____

图 12-3　曳引绳的种类

3．根据图 12-4 回答：捻距是指____。

图 12-4　捻距

4．钢丝绳绳头常用的连接方式如图 12-5～图 12-7 所示。

图 12-5　编“花篮”——套入锥套浇注完成

图 12-5 所示连接方式的名称：______________________________。

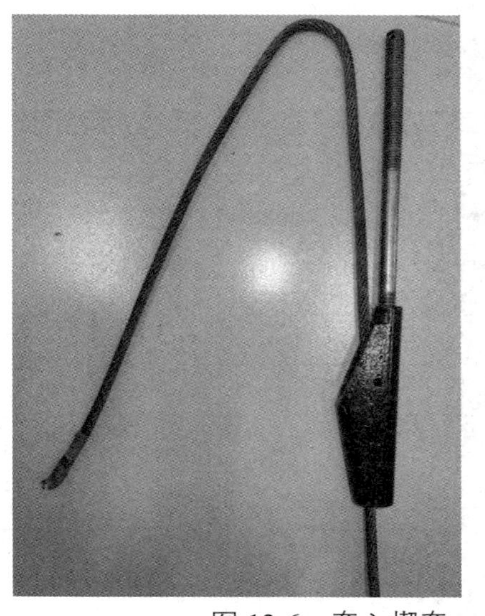 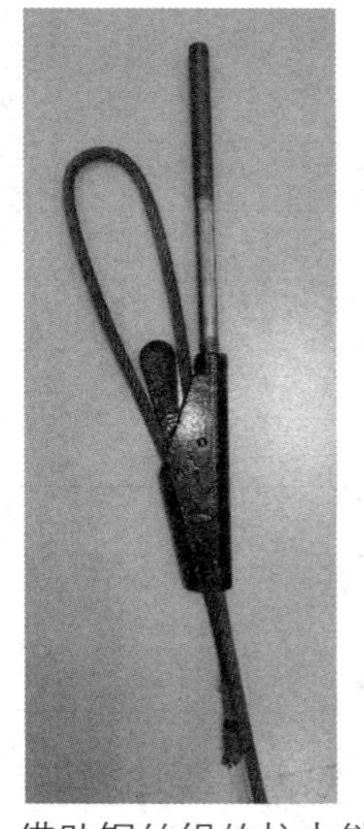 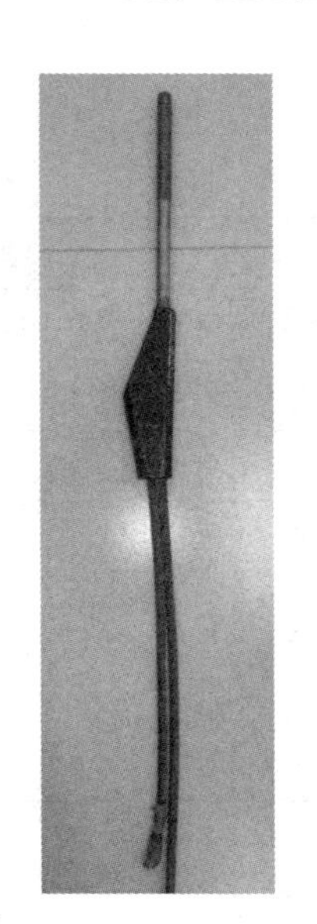

图 12-6　套入楔套——借助钢丝绳的拉力锁紧

图 12-6 所示连接方式的名称：________________________________。

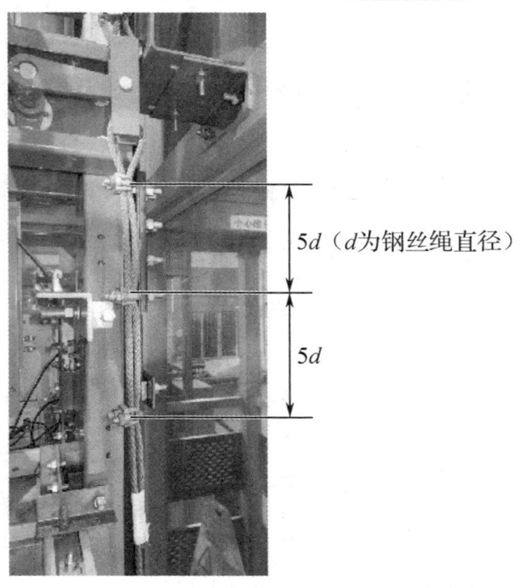

图 12-7　电梯限速器钢丝绳绳头连接实物图

图 12-7 所示连接方式的名称：________________________________。

三、成果展示

小组代表介绍曳引绳的结构和规格。

四、学习评价

在本学习活动中，学生了解了曳引绳的结构，明确了曳引绳的种类。根据活动过程评价表 1（见表 12-1）中的评价要点，开展自评、互评、教师评工作。

表 12-1　活动过程评价表 1

姓名：　　　　　　组别：　　　　　　　　　日期：

序号	评价要点	配分	自评	互评	教师评	总评
1	能明确曳引绳的结构	15				
2	能写出曳引绳的种类	25				
3	能明确曳引绳的捻距	25				
4	能辨认钢丝绳绳头的连接方式	25				
5	能体现团队合作意识	10				
小结与建议：						

学习活动二　更换曳引绳

学习目标

1. 更换曳引绳。
2. 更换限速器钢丝绳。
3. 能对曳引绳的张力进行检查与调整。
4. 能对曳引绳的磨损量、伸长量进行检查。

建议学时

3 学时。

学习准备

曳引绳、电梯实训设备。

学习过程

一、知识获取

1. 维修过程中曳引绳的检查内容及相关保养标准。

（1）检查内容。

① 检查断丝的根数、部位和断丝情况。

② 检查曳引绳直径变细的情况，除目测外，还需定期用游标卡尺测量绳径，观察磨损情况。

③ 检查曳引绳的张力是否均匀。

④ 检查曳引绳的润滑、清洁和锈蚀情况。

⑤ 检查绳头及其组合情况，全长有无其他异常情况，如曳引绳的异常伸长等。

（2）相关保养标准。

在以下情况下，应更换曳引绳。

① 断丝分散出现在整条曳引绳，任何一个捻距内单股的断丝数大于 4 根；断丝集中在曳

引绳某一部位或某一股，一个捻距内断丝总数大于 12 根（对于股数为 6 的曳引绳）或大于 16 根（对于股数为 8 的曳引绳）。

② 磨损后的曳引绳直径小于曳引绳公称直径的 90%。

曳引绳在日常使用过程中，应符合以下要求。

① 检查曳引绳的张力，各绳张力的差值不应超过 5%。

② 曳引绳应润滑、清洁和无锈蚀。

③ 曳引绳不出现笼状畸变、绳芯挤出、扭结、部分压扁、弯折等情况。

2. 曳引绳与绳头锥套的连接。

（1）巴氏合金式绳头锥套。

① 截取长度为 L 的曳引绳，在曳引绳切断处包扎乙烯胶带，如图 12-8 所示。

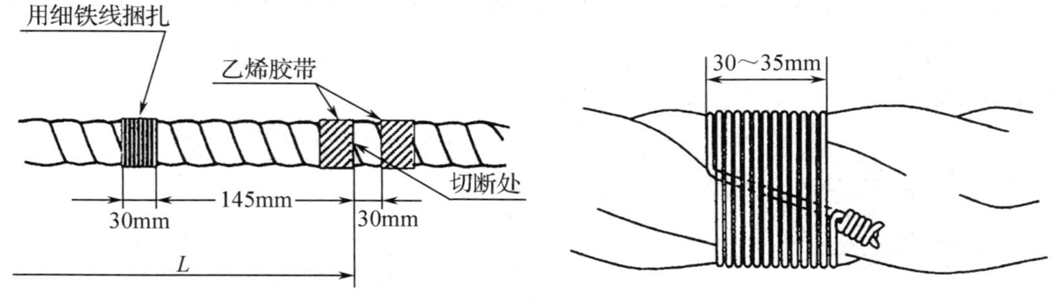

图 12-8　截取曳引绳

② 用砂轮机切断曳引绳，把曳引绳从锥套口穿入，从浇注口穿出，如图 12-9 所示。

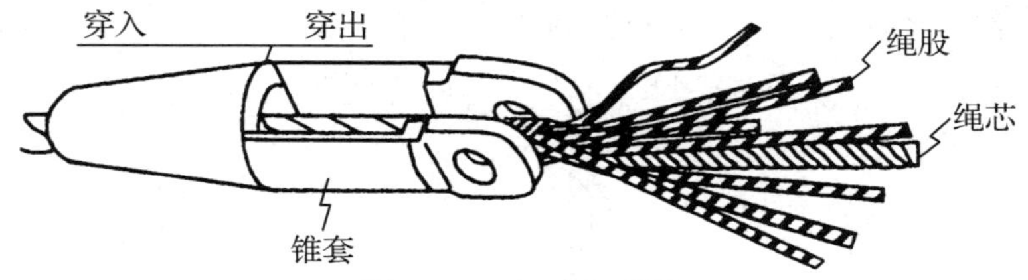

图 12-9　套入曳引绳

③ 将曳引绳各绳股分别拆开按图 12-10 弯折好。

④ 将弯折好的曳引绳拉入锥套内，然后浇注巴氏合金。确认曳引绳弯折处凸出浇注口 2～3mm，如图 12-11 所示。将溶解后的巴氏合金一次性浇灌于锥套内，要求一次浇实，不允许分次浇注。待巴氏合金完全凝固后，再次检查浇注质量，表面应圆滑，有少许凹陷。

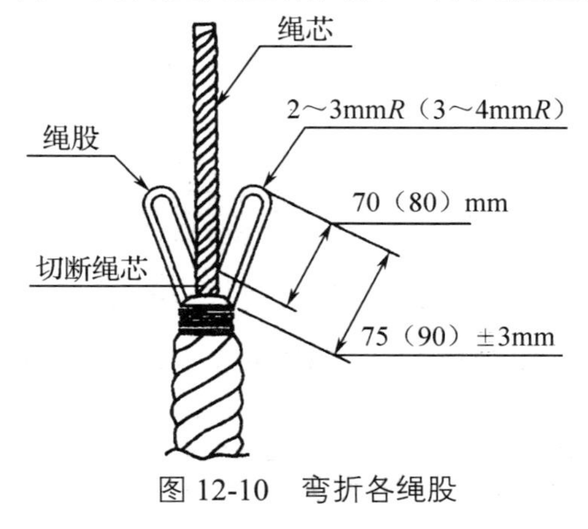

图 12-10　弯折各绳股

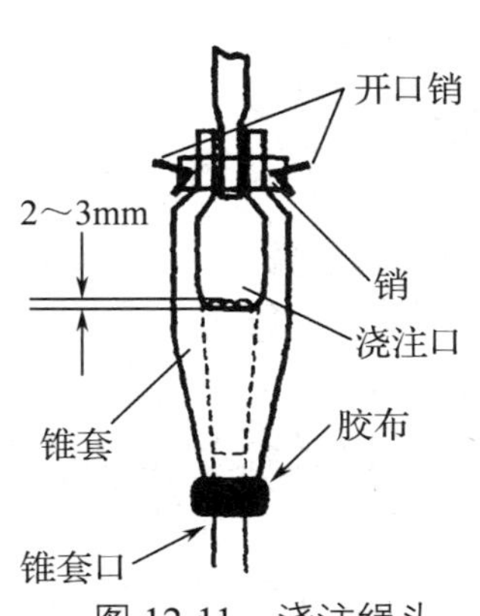

图 12-11　浇注绳头

（2）楔块式绳头锥套。

① 为了防止曳引绳的绳头松散开来，应在距离绳头端部 10mm 的地方用 ϕ0.5mm 的细铁线捆扎。

② 在距离曳引绳端部 360mm 处弯折曳引绳，然后将曳引绳弯折部分放入楔块槽内，如图 12-12 所示。

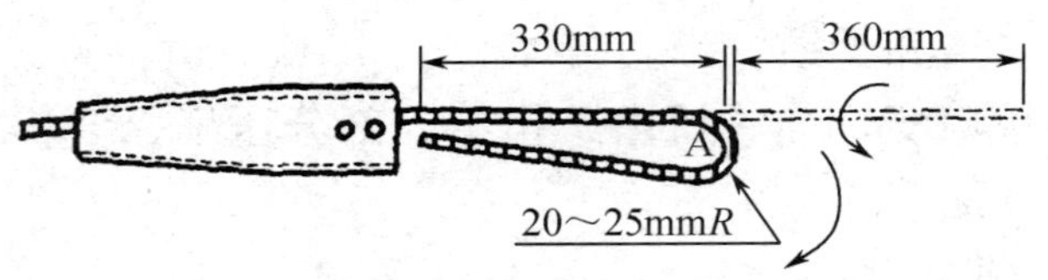

图 12-12 将曳引绳弯折部分放入楔块槽内

③ 将楔块与已经弯折的曳引绳一起放入锥套内，然后插入楔块的开口销，将开口部分张开，如图 12-13 所示。

④ 用钢丝绳夹固定曳引绳，如图 12-14 所示。

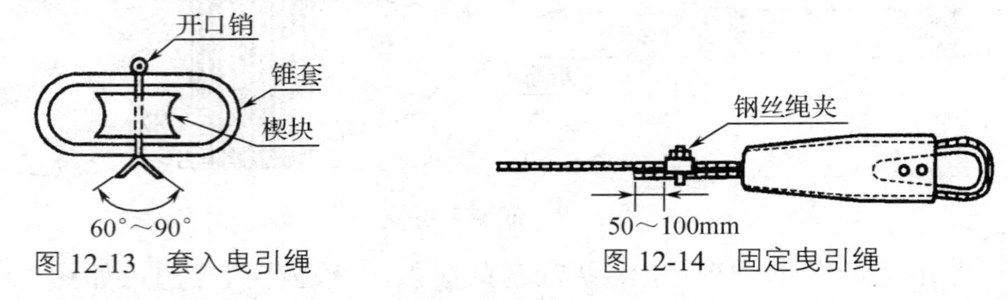

图 12-13 套入曳引绳　　图 12-14 固定曳引绳

⑤ 将 2 条曳引绳用细铁线（ϕ0.5mm）捆扎在一起，捆扎宽度为 15mm，如图 12-15 所示。

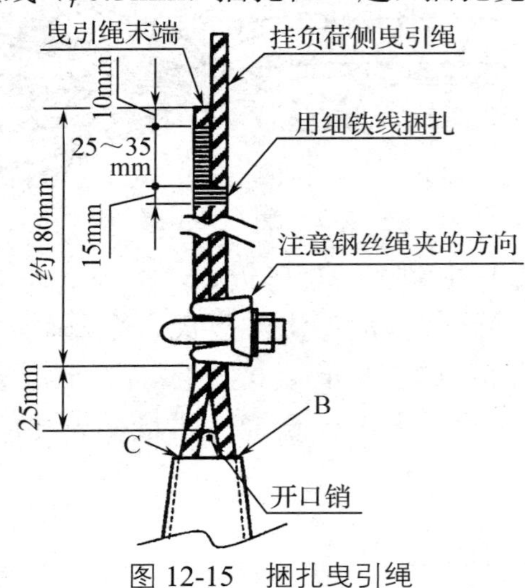

图 12-15 捆扎曳引绳

⑥ 在曳引绳末端处用乙烯胶带卷上几圈，使其不能绽开，如图 12-16 所示。

3．绳头组合检查。

检查规则：悬挂曳引绳的绳端应可靠固定，压缩弹簧、螺母、开口销等连接部件无缺损。

实际情况：巴氏合金浇灌充盈；采用楔块式绳头锥套时，绳尾要有绳卡卡住，防楔块松脱的销子要销好；压缩弹簧应无裂损，两端垫片摆放正确，调节螺帽，将并帽螺母拧紧，螺杆端头的开口销完好；绳头板固定应牢靠，断绳和绳伸长保护装置应有效。

检查方法：观察检查和手动检查。

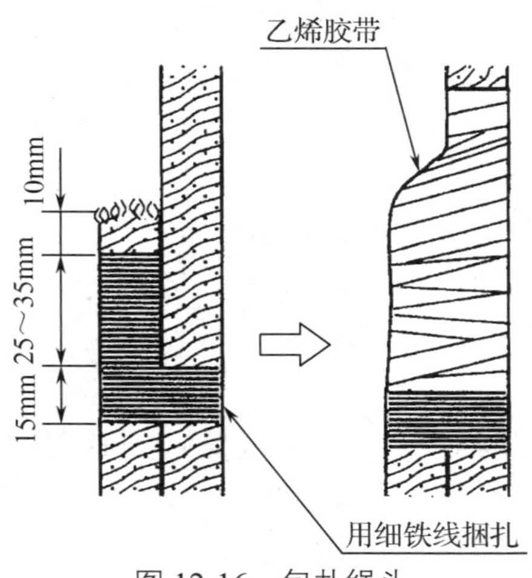

图 12-16　包扎绳头

4．曳引绳常见的损坏类型如图 12-17 所示。

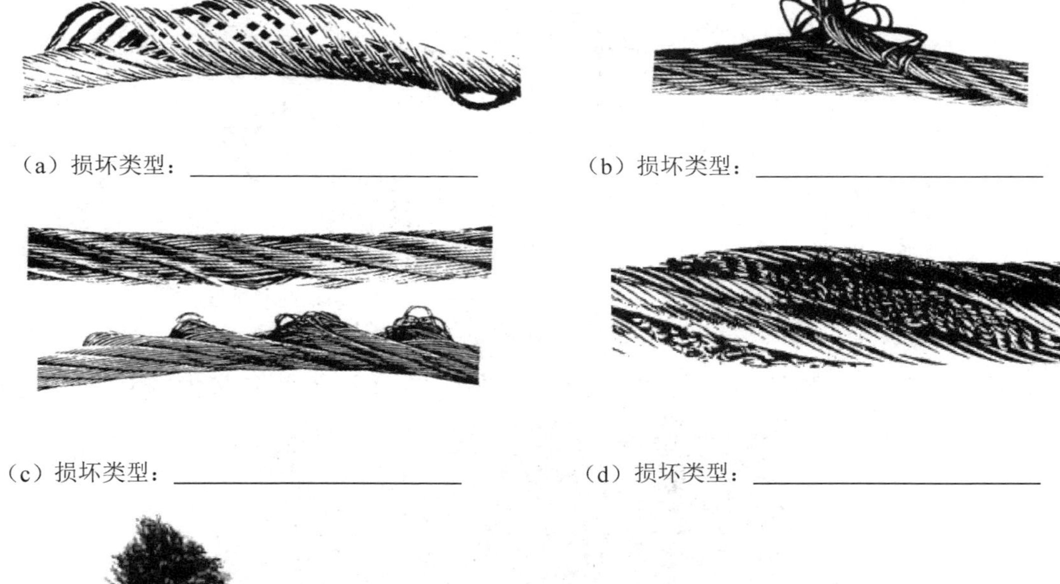

（a）损坏类型：________________________　（b）损坏类型：________________________

（c）损坏类型：________________________　（d）损坏类型：________________________

（e）损坏类型：________________________　（f）损坏类型：________________________

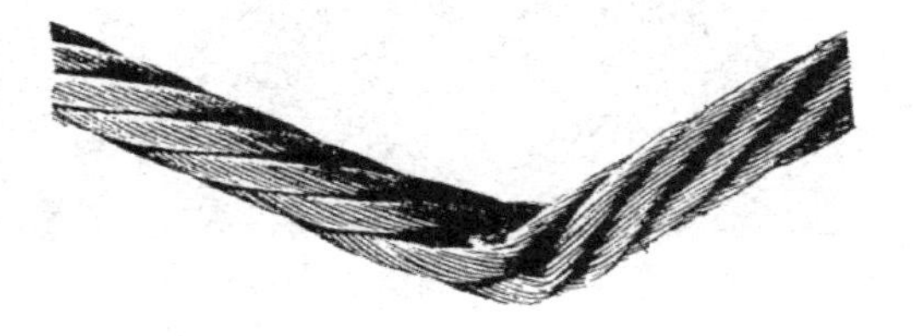

（g）损坏类型：________________________

图 12-17　曳引绳常见的损坏类型

二、技能操作

1．截取曳引绳。

根据图 12-8，截取曳引绳。

2．制作绳头。

根据图 12-12～图 12-16，制作绳头。

3．更换曳引绳。

按照以下步骤更换曳引绳。

步骤一：把轿厢升到井道最顶端，直到对重接触到其缓冲器。

步骤二：用硬物支撑对重，使其牢固可靠。

步骤三：用合适载重量的葫芦吊吊起轿厢。

步骤四：逐一更换需要报废的曳引绳。

4．曳引绳测量。

（1）根据图 12-18，测量曳引绳直径。

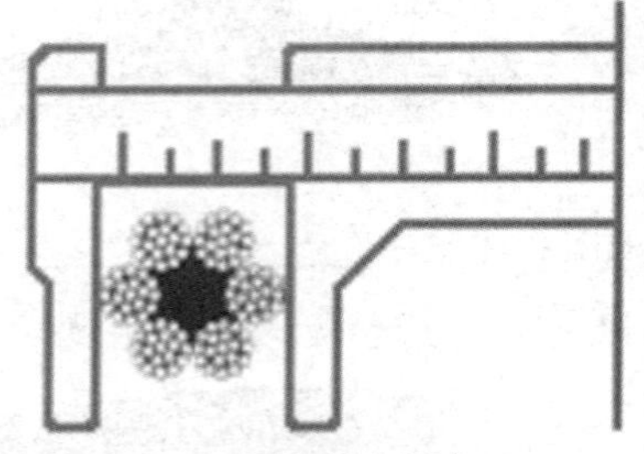

正确的测量方法

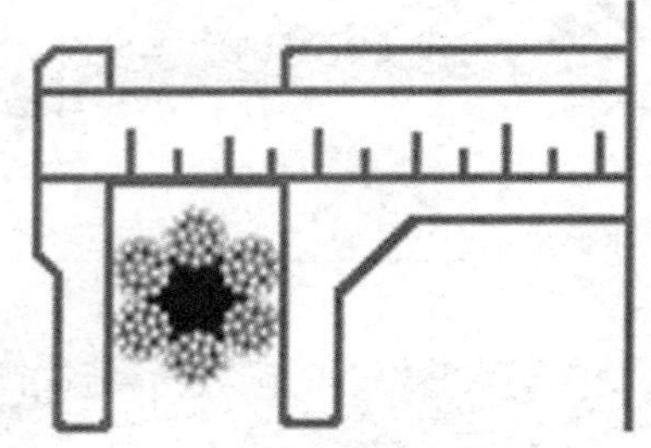

错误的测量方法

图 12-18　测量曳引绳直径

（2）根据图 12-19，测量曳引绳的张力，并将结果填入曳引绳张力测量表（见表 12-2）。

图 12-19　测量曳引绳的张力

提示：

曳引绳的张力应均衡，每根曳引绳的张力与全部曳引绳张力的平均值之间的偏差不大于 5%。

检验方法：将轿厢停靠在井道适当的高度（一般用弹簧测力计水平拉曳引绳时，用 100N 的力可使曳引绳位移 100～150mm 即可），用弹簧测力计将曳引绳逐根水平拉动，拉动的距离应相同，一般不小于 100mm。记录拉动每根曳引绳时的力（一般 80～100N 为宜），计算其平均值，再将拉动每根曳引绳时的力与平均值进行比较。

表 12-2　曳引绳张力测量表

曳引绳序号	张力	平均值	偏差	是否合格
1				
2				
3				
4				

三、成果展示

小组代表介绍更换、测量及调整曳引绳的过程。

四、学习评价

在本学习活动中，学生明确了曳引绳常见的损坏类型，正确完成了测量、截取曳引绳并制作绳头等操作。根据活动过程评价表 2（见表 12-3）中的评价要点，开展自评、互评、教师评工作。

表 12-3　活动过程评价表 2

姓名：　　　　组别：　　　　日期：

序号	评价要点	配分	自评	互评	教师评	总评
1	能辨识曳引绳常见的损坏类型	15				
2	能正确截取曳引绳	25				
3	能制作绳头	25				
4	能更换、测量及调整曳引绳	25				
5	能体现团队合作意识	10				
小结与建议：						

任务十三　电梯保养——半月保养项目

任务目标

能对电梯开展半月保养。

任务描述

根据电梯保养规则及规范要求，对电梯逐项实施半月保养项目。

工作流程与活动

根据电梯四大空间，即机房、层站、轿厢、井道及底坑四大空间，逐项实施电梯半月保养项目，且对电梯安全标识的完整性进行检查。

学习活动　电梯半月保养项目

学习目标

能根据半月保养项目的要求及方法，对电梯机房、层站、轿厢、井道及底坑四大空间逐一进行检测、保养。

建议学时

4 学时。

学习准备

电梯、测量工具、钳工工具、清扫工具、各电气原理图。

学习过程

一、知识获取

扫描下方二维码，观看电梯半月保养的微课视频，乘客电梯、载货电梯、杂物电梯半月保养项目的方法如表 13-1 所示。

表 13-1　乘客电梯、载货电梯、杂物电梯半月保养项目的方法

保养项目	保养周期	保养方法
1 机房、滑轮间环境	半月	1．检查机房、滑轮间通道、通道照明、机房门、门上警示标志及门锁是否符合要求。 2．检查机房的消防设施是否齐全、有效。 3．清理机房内与电梯无关的物品。 4．断开机房主电源开关。 5．观察照明开关是否固定可靠，接线等是否无异常。 6．打开机房照明开关，照明应正常，必要时可用照度计测量机房地面上的照度。 7．记录机房温度，若有温度调节设施，应检测其是否能正常工作。 8．检查机房内各种标志和说明是否齐全、清晰。 9．清洁机房地面、控制柜、限速器、主机等
2 手动紧急操作装置	半月	1．断开机房主电源开关。 2．检查松闸扳手、盘车手轮及相关部件是否齐全、完好，动作是否灵活。 3．检查松闸扳手、盘车手轮的色标和标志，若不满足要求，应予以完善。 4．将可拆卸式的松闸扳手和盘车手轮放置在机房内易于拿取的指定位置。 5．检查盘车手轮的开关功能是否有效
3 驱动主机： 曳引机和电动机	半月	1．保养时需两人共同完成，一人在轿厢内操作电梯，使电梯上下正常运行数次，另一人在机房观察曳引机和电动机有无异常震动和声响，若有异常震动及声响，则应根据制造厂家的技术要求进行调整或维修。 2．检查曳引轮外侧是否被涂成黄色
4 制动器各销轴	半月	1．断开机房主电源开关。 2．检查制动器销轴防脱落部件。 3．将机房检修开关拨至检修位置，合上机房主电源开关，操作检修控制装置，使电梯上下检修运行数次，观察制动器的动作是否灵活，制动器两制动臂的动作是否同步，必要时根据制造厂家的技术要求进行调整。 4．向制动器活动部位的销轴加注润滑油或润滑脂
5 制动器间隙	半月	1．操作检修控制装置，使电梯上下检修运行数次，观察电梯运行过程中制动衬与制动轮之间是否有摩擦。 2．在电梯停止运行状态下，用制动器扳手打开制动器，用塞尺检查制动器间隙和制动闸瓦的磨损情况。按照制造厂家的技术要求及方法调整制动闸瓦上的调整螺母，使制动衬表面与制动轮表面之间的间隙均匀。 3．限位螺母应正确，保证制动闸瓦间隙在 0.3～0.7mm 之间，锁紧扣帽，使制动器开关在有效行程内的动作灵活可靠
6 制动器作为轿厢意外移动保护装置制停子系统时的自监测	半月	按照制动器厂家的说明要求，开展制动力检测
7 编码器	半月	1．断开机房主电源开关。 2．紧固编码器的固定螺钉。 3．检查并清洁编码器及接线
8 限速器各销轴	半月	1．断开机房主电源开关。 2．检查并紧固限速器各销轴，向限速器各活动部位的销轴加注润滑油或润滑脂。 3．对于有铅封的部位，不允许随意拆开调整。 4．查看封记日期，仔细检查钢丝绳是否有断丝，测试动作开关，手动使限速器动作，观察安全钳是否闸车。 5．观察限速器开关是否先于限速器动作，动作速度是否符合动作值和铭牌要求
9 层门和轿厢门旁路装置	半月	1．检查机房层门和轿厢门旁路装置的线路、插件、接线端子有无问题。 2．检查旁路装置是否有损坏。 3．断开层门电气触点，检查旁路层门电气触点是否有效。 4．断开轿厢门电气触点，检查旁路轿厢门电气触点是否有效

续表

保养项目	保养周期	保养方法
10 紧急电动操作装置	半月	1．检查电梯上极限开关、下极限开关、缓冲器开关、限速器开关、安全钳开关的功能是否正常有效，线路是否正确。 2．机房断电，人为断开速器开关（上极限开关、下极限开关、缓冲器开关、限速器开关、安全钳开关中的一个），去除紧急电动操作装置。 3．确认电梯正常状态时为安全回路断开。 4．机房断电，恢复紧急电动操作装置，确认电梯检修状态下为安全回路正常，电梯能检修上、下运行。 5．机房断电，恢复速器开关。
11 轿顶	半月	1．按照安全规定要求进入轿顶。 2．操作轿顶检修控制装置，使轿厢检修运行至适当位置，断开驱动主机电源。 3．清理轿顶的油污及杂物。 4．用手晃动轿顶防护栏，观察防护栏是否晃动，若晃动，则用扳手紧固防护栏的紧固螺栓。 5．检查防护栏上是否有“俯伏或斜靠防护栏危险”的警示标志，若缺失、破损或字迹模糊不清，则应更换。 6．紧固轿顶上滑轮或链轮的防护罩
12 轿顶检修开关、轿顶急停开关	半月	1．将电梯停在合适位置，打开层门，进入轿顶前，观察轿顶检修控制装置和轿顶急停开关的外观是否完好，标志或颜色是否齐全、正确，位置是否合适。 2．在进入轿顶前，操作轿顶急停开关，关闭层门，操作层站处的呼梯按钮，确认轿厢不能自动运行。打开层门，操作轿顶检修开关，复位轿顶急停开关，关闭层门，操作层站处的呼梯按钮，确认轿厢不能自动运行。 3．打开层门，进入轿顶，保持层门开启，操作轿顶检修控制装置，慢车使电梯向上或向下运行，电梯应不能启动；关闭层门，操作轿顶检修控制装置，慢车使电梯向上或向下运行，电梯应随动作可靠启动或停止；检测防误操作功能是否有效。 4．电梯以检修速度运行时，按下轿顶急停开关或其他部位安全开关，电梯应立即停止运行，再次操作轿顶检修控制装置，应不能启动电梯。 5．将电梯停在合适位置，操作轿顶急停开关，打开层门，退出轿顶，复位轿顶急停开关和轿顶检修开关，关闭层门，电梯应恢复正常运行
13 油杯 （导靴上油杯）	半月	1．按照安全规定要求进入轿顶，切断驱动主机电源。 2．检查油杯是否可靠固定，油杯上油毡、油绳是否齐全，油毡磨损是否超过制造厂家的技术要求，油杯有无破损、泄漏，是否需要更换。 3．按制造厂家对油品及油量的要求添加润滑油
14 对重及其压板	半月	1．按照安全规范要求进入轿顶。 2．操作轿顶检修控制装置，使轿厢检修运行至与对重水平的位置，切断驱动主机电源。 3．检查对重压板是否齐全，若有缺失，应添补齐全。 4．紧固对重压板的固定螺栓
15 井道及底坑照明	半月	1．检查井道照明开关的外观是否完好，接线是否正确，标志是否清晰。 2．当电梯停止运行时，断开电梯主电源开关，再打开井道照明开关，从机房地面绳孔内观察井道内照明应已经点亮。 3．按照安全规范要求进入轿顶，操作轿顶检修控制装置，使电梯检修运行井道全程，站在轿顶安全位置观察井道照明是否正常。 4．观察轿顶的照度是否足够，当电梯运行到接近底坑时，观察底坑地面是否有足够的照度，必要时使用照度计对轿顶和底坑进行测量
16 轿厢照明、风扇、应急照明	半月	1．进入轿厢，打开轿厢开关面板，观察轿厢照明开关、风扇开关的外观是否完好，标志是否清晰。 2．打开轿厢照明开关和风扇开关，照明和风扇应能正常启动，必要时可用照度计测量轿厢内的照度。 3．在轿厢内正常运行电梯，观察运行过程中轿厢照明是否连续。 4．在电梯停止运行时，断开机房主电源开关，应不能切断轿厢照明和风扇电源，应急照明不应启动。 5．在机房切断轿厢照明电源，应急照明应能正常启动，在控制装置上应有足够的照度

续表

保养项目	保养周期	保养方法
17 轿厢检修开关、轿厢急停开关	半月	1. 进入轿厢，观察轿厢检修开关和轿厢急停开关的外观是否完好，标志或颜色是否齐全、正确，位置是否合适。 2. 按住开门按钮，使电梯保持开门状态，随机按下轿厢内的呼梯按钮，有响应后操作轿厢急停开关，观察电梯，确认电梯运行指令被取消。操作轿厢内或层站的呼梯按钮，电梯不能响应，复位轿厢急停开关。 3. 按住开门按钮，使电梯保持开门状态，随机按下轿厢内的呼梯按钮，有响应后操作轿厢检修开关，观察电梯，确认电梯运行指令被取消，操作轿厢内或层站的呼梯按钮，电梯不能响应。 4. 按住开门按钮，使电梯保持开门状态，操作轿厢检修开关，使电梯慢车向上或向下运行，电梯应不能启动；关闭电梯门，操作轿厢检修开关，使电梯向上或向下运行，电梯应随操作可靠启动或停止。 5. 操作电梯以检修速度运行，按下轿厢急停开关，电梯应立即停止运行，再操作轿厢检修开关，应不能启动电梯。 6. 复位轿厢急停开关，复位轿厢检修开关，电梯应恢复正常运行
18 轿厢内报警装置、对讲系统、警示标识	半月	1. 进入轿厢，检查轿厢内报警装置及对讲装置的标志是否齐全，若不全或损坏，则应更换。 2. 按下轿厢内的警铃按钮，听警铃是否正常工作，若不正常，则应对损坏部件进行维修或更换。 3. 将电梯停在某一层站，打开电梯门，如果电梯设有轿厢和机房的对讲系统，则检测对讲系统，应能有效沟通。 4. 切断机房主电源开关，操作轿厢内的对讲系统，测试能否通过对讲系统与电梯管理部门进行有效通话，若不能通话，则应检查相关对讲设备和通信线路。 5. 检查轿厢内安全检验合格标志、安全乘梯须知是否齐全，是否张贴在显著位置
19 轿厢内显示、按钮、IC 卡系统	半月	1. 进入轿厢，检查轿厢内显示和所有按钮是否有破损，固定是否可靠。 2. 逐一操作按钮，观察按钮是否有效，功能与标志是否一致。 3. 当电梯运行时，观察轿厢内显示是否清晰、正确。 4. 对于消防、超载等功能性显示，可以在对相应项目进行保养时观察。 5. IC 卡系统的刷卡功能有效
20 轿厢门安全装置（安全触板、光幕、光电等）	半月	1. 将电梯停在某一层站，打开层门、轿厢门，使其保持开启不关闭，检查轿厢门安全装置是否可靠固定。 2. 清洁轿厢门安全装置，若有活动部件，应检查活动部件是否有阻碍，必要时适当润滑。 3. 进入轿厢，解除开门保持，在轿厢门关闭过程中人为使轿厢门安全装置动作，轿厢门应能重新开启
21 轿厢门门锁电气触点	半月	1. 按照安全规范要求进入轿顶，将电梯检修运行至合适位置，切断驱动主机电源，打开层门，使层门可靠保持开门状态。 2. 检查并清洁轿厢门门锁，必要时适当润滑，用细砂纸清洁门锁电气触点。 3. 检查门锁电气触点的接线是否牢固，检查线路是否有破损、老化现象
22 轿厢门运行	半月	1. 在检查其他项目过程中，若有轿厢门运行，即可检查轿厢门在运行过程中是否有脱轨、机械卡阻或行程终端时错位的现象。 2. 切断驱动主机电源，手动关闭轿厢门，在轿厢内检查轿厢门表面的情况，测量门扇之间及门扇与立柱、门楣与地坎之间的间隙，必要时进行调整。 3. 将轿厢停在合适位置，打开层门，使层门可靠保持开门状态，检查并清洁轿厢门上的各固定部件。 4. 检查并清洁导向装置，必要时适当润滑

续表

保养项目	保养周期	保养方法
23 轿厢平层精度	半月	在轿厢内正常运行电梯，等电梯停车后检查轿厢在各层站的平层精度。 ① 交流双速电梯的平层精度在±30mm之内。 ② 交流调压调速电梯的平层精度在±15mm之内。 ③ 交流变频变速电梯应满足要求。 运行速度为2m/s、2.5m/s、3m/s的交流变频变速电梯，平层精度为±5mm； 运行速度为1.5m/s、1.75m/s的交流变频变速电梯，平层精度为±15mm； 运行速度为0.75m/s、1.0m/s的交流变频变速电梯，平层精度为±30mm； 运行速度为0.25m/s、0.5m/s的交流变频变速电梯，平层精度为±15mm。 若超过上述标准，则需根据制造厂家的技术要求进行调整
24 层站召唤、层楼显示	半月	1. 在层站处观察所有按钮和显示是否无破损，安装正确，固定可靠。 2. 逐一操作按钮，观察按钮是否有效，功能与标志是否一致。 3. 当电梯运行时，观察层站显示是否清晰、正确。 4. 对于消防、超载等功能性显示，可以在进行相应项目保养时观察
25 层门地坎	半月	1. 在轿厢内正常运行电梯至每一层站，当电梯停车并开门到位后，断开电梯驱动主机电源，检查层门地坎外观和固定情况。 2. 使用清洁工具清洁层门地坎，清理出的杂物应收集后倒入大楼指定收集处
26 层门自动关门装置	半月	1. 按照安全规范要求进入轿顶，检修运行电梯至合适位置，切断电梯驱动主机电源。 2. 检查并清洁层门自动关门装置各部件。用手根据门机皮带张紧度检查开关有无异常扭曲，开关门数次，查看电气线路是否正常，机械关节是否需要加注润滑油。 3. 手动开足层门，然后减轻开门的力，让层门在没有外力作用下慢慢关闭，观察有无阻碍，必要时进行调整。 4. 当采用重块作为层门自动关门装置时，还应检查每一层层门的防坠措施是否可靠。 5. 对底层端站层门自动关门装置的检查应在轿厢内进行。 6. 用棉纱擦拭上下坎，除去油垢，检查各部位间隙，在层门中心位置用直尺测量门锁轮距离，在活动部位加少许机油润滑。触头无人为弯曲、腐蚀现象，层门锁钩的啮合深度不小于7mm，用100N的外力打不开层门，偏心轮与上坎下端调整间隙不大于0.5mm，层门自动关门装置可靠，门角无松动，地坎清洁、无杂物
27 层门门锁自动复位装置	半月	1. 按照安全规范要求进入轿顶，检修运行电梯至合适位置，切断电梯驱动主机电源。 2. 检查并清洁层门门锁。 3. 手动打开层门，用开锁装置打开门锁后释放，观察其能否自动复位，必要时进行调整。 4. 对底层端站层门的检查应在轿厢内进行
28 层门门锁电气触点	半月	1. 按照安全规范要求进入轿顶，检修运行电梯至便于维修人员操作的位置，切断驱动主机电源。 2. 手动开启层门，用沾着酒精的抹布清洁门锁动触点、静触点表面的灰尘。 3. 检查层门门锁电气触点表面是否光滑，若有轻微烧蚀，表面有少量毛刺，则可以用砂纸打磨修正；若触点有凹陷或被电弧烧蚀严重，则应更换触点。 4. 用手轻拉门锁电气触点的连接导线，观察接线是否牢固，若松动，则应紧固
29 门锁钩啮合深度	半月	1. 按照安全规范要求进入轿顶，检修运行电梯至便于维修人员操作的位置，切断驱动主机电源。 2. 关闭层门后测量门锁钩的啮合深度，在门锁电气触点动作以前，门锁钩的啮合深度需满足以下条件： ① 客、货电梯不小于7mm； ② 杂物电梯不小于5mm。 若不能满足以上条件，则应用扳手调整门锁位置，使门锁钩的啮合深度符合上述要求

续表

保养项目	保养周期	保养方法
30 底坑环境	半月	1．按照安全规范要求进入轿顶，检修运行电梯至便于维修人员操作的位置，切断驱动主机电源。 2．在底层端站用三角钥匙打开层门，按照安全规范要求进入底坑后断开底坑急停开关。 3．打开底坑照明开关，观察底坑照明是否正常，若不正常，则应检查开关、照明灯或者照明线路，更换损坏部件。 4．清洁底坑内的垃圾及杂物。 5．检查底坑内有无积水和渗水，若有，则应告知使用单位进行整改
31 底坑急停开关	半月	1．一人按照安全规范要求进入轿顶，使电梯检修运行，驶离底层端站并停车，另一人用开锁装置打开底层端站层门，将层门可靠保持在开门状态。 2．打开照明开关，观察底坑急停开关的外观及固定情况。 3．未进入底坑前，操作底坑急停开关，关上层门，操作轿顶检修开关，观察电梯轿厢能否启动。 4．打开层门，进入底坑后关闭层门，检查底坑急停开关的接线情况。 5．复位底坑急停开关，操作检修开关向上运行电梯，电梯轿厢运行中按下底坑急停开关，电梯轿厢应不能继续运行

二、技能操作

1．对机房空间进行半月保养，填写表 13-2。

表 13-2　机房空间半月保养表

保养项目	保养要求	保养方法	保养情况
1 机房、滑轮间环境	1．进入机房、滑轮间的通道应畅通，通道照明正常。 2．机房门应有足够的尺寸和强度，且不得向机房内开启，门外侧应有“机房重地、闲人莫入”的标志。 3．机房门锁应能从机房内不用钥匙打开。 4．机房不应用于电梯以外的其他用途，不应放置与电梯无关的设施或物品。 5．机房应通风良好，门窗应防风雨，机房温度应在 5～40℃之间。 6．机房内应有合适的消防设施。 7．当机房地面有深度大于 0.5m，宽度小于 0.5m 的凹坑或任何槽坑时，均应将其盖住。 8．机房内应有永久性的电气照明，机房地面上的照度不应小于 200lx。 9．机房内靠近入口（或多个入口）处的适当高度应设有一个开关，控制机房照明，开关应可靠固定，接线正确。 10．机房照明电源应与电梯主电源分开。 11．机房内应设有详细的说明，指出电梯发生故障时应遵循的规程，尤其应包括手动或电动紧急操作装置和层门开锁钥匙的使用说明。 12．机房、滑轮间内的各主开关、照明开关均应设置标志，以便于区分		
2 手动紧急操作装置	1．手动紧急操作装置应齐全。 2．松闸扳手为红色，盘车手轮为黄色，对于可拆卸式的盘车手轮，应有一个电气安全装置，最迟在盘车手轮装到驱动主机上时动作，并放置在机房内容易靠近的明显部位。 3．盘车手轮上应有电梯运行方向的箭头和文字说明。 4．手动紧急操作装置的动作应灵活。 5．手动紧急操作装置的操作说明齐全，张贴在手动紧急操作装置旁边		

续表

保养项目	保养要求	保养方法	保养情况
3 驱动主机： 曳引机和电动机	1．驱动主机正常工作，运行时无异常噪声和震动。 2．曳引轮外侧应被涂成黄色		
4 制动器各销轴	1．各销轴应可靠固定、无严重油污、润滑适当、转动灵活。 2．销轴防脱落部件应齐全，安装正确		
5 制动器间隙	1．电梯运行时制动衬与制动轮之间无摩擦。 2. 制动衬表面与制动轮表面之间的间隙应符合制造厂家的技术要求		
6 制动器作为轿厢意外移动保护装置制停子系统时的自监测	1．以人工方式检测制动力，应符合使用维护说明书的要求。 2．制动力自监测系统有记录		
7 编码器	1．表面干净整洁。 2．固定可靠、无松动。 3．接线可靠，无破损、老化现象		
8 限速器各销轴	各销轴应可靠固定、无严重油污、润滑适当、转动灵活		
9 层门和轿厢门旁路装置	工作正常		
10 紧急电动操作装置	工作正常		

2．对层站空间进行半月保养，填写表 13-3。

表 13-3　层站空间半月保养表

保养项目	保养要求	保养方法	保养情况
1 层站召唤、层楼显示	1．层站显示清晰，正确。 2．层站按钮齐全，固定可靠，按钮标志与其功能一致，按钮灯显示清晰		
2 层门地坎	层门地坎固定可靠、无变形，地坎槽内无杂物		
3 层门自动关门装置	1．当轿厢在开锁区域之外时，层门自动关门装置在没有外力作用下应能使层门自动关闭。 2．层门关闭时应无阻碍。 3．当采用重块作为层门自动关门装置时，应有防止重块坠落的措施		
4 层门门锁自动复位装置	1．动作灵敏、无阻碍，部件无缺失。 2．用层门钥匙打开门锁后，层门门锁能自动复位		
5 层门门锁电气触点	1．层门门锁清洁、无污物，固定可靠，动作灵敏、无阻碍。 2．无扭曲变形、锈蚀、破损等，触点表面无污垢、积灰等。 3．触点接触良好，接线正确、可靠，无破损老化现象		
6 门锁钩啮合深度	1．门锁电气触点接通前，门锁钩的啮合深度不小于 7mm。 2. 门锁电气触点接通后，门锁锁紧元器件应仍有一定的行程。 3．保持门锁锁紧的元器件应无缺失且动作灵敏、有效。 4．杂物电梯的门锁钩啮合深度不小于 5mm		

3．对轿厢空间进行半月保养，填写表 13-4。

表 13-4　轿厢空间半月保养表

保养项目	保养要求	保养方法	保养情况
1 轿厢照明、风扇、应急照明	1．轿厢应设有永久性的电气照明装置、通风装置、应急照明装置，如果电气照明装置是白炽灯，那么至少要有 2 只并联的灯泡。 2．在轿厢或者机房内易于靠近处，应设有照明开关和风扇开关，该开关电源应与电梯驱动主机电源分开。 3．轿厢照明开关和风扇开关应可靠固定，接线正确，轿厢照明开关和风扇开关上或附近应有清晰、明显的标志。 4．轿厢控制装置上和轿厢地板上的照度宜不小于 50lx。 5．电梯运行过程中轿厢照明应连续。 6．应急照明装置应由可充电的应急电源供电，当正常照明电源中断时，能够自动接通应急电源		
2 轿厢检修开关、轿厢急停开关	1．轿厢检修开关、轿厢急停开关应外观完好、固定可靠、接线正确。 2．若轿厢内有检修控制装置，则其应符合以下要求： ① 由一个双稳态开关（检修开关）进行操作； ② 当进入检修运行时，即取消正常运行，只有再一次操作检修开关，才能使电梯恢复正常运行； ③ 依靠持续按压按钮来控制轿厢运行，在按钮上或其旁边标出相应的运行方向； ④ 该装置上设有一个停止装置，停止装置的操作装置为双稳态开关且为红色，并标有“停止”字样； ⑤ 当检修运行时，安全装置仍然起作用； ⑥ 当轿顶检修控制装置将电梯置于检修状态时，轿厢内应不能再操作电梯检修运行。 3．轿厢急停开关应能使电梯停止运行并保持在非服务状态		
3 轿厢内报警装置、对讲系统、警示标识	1．轿厢内应装设乘客易于识别和触及的报警装置，该装置应采用一个对讲系统，以便与救援服务取得联系。 2. 当电梯行程超过 30m 时，轿厢和机房之间应设置对讲系统。 3．报警装置、对讲系统应由可充电的应急电源供电。 4．警示标识齐全、清晰		
4 轿厢内显示、按钮、IC 卡系统	1．显示清晰，功能正确。 2．按钮齐全，固定可靠，按钮标志与其功能一致，按钮灯齐全，功能有效，显示清晰。 3．IC 卡系统的刷卡功能有效		
5 轿厢门安全装置（安全触板、光幕、光电等）	1．轿厢门安全装置应可靠固定，动作灵敏、无阻碍。 2．安全装置的功能在轿厢门运行的整个行程内有效（每个主动门扇的最后 50mm 行程除外）		
6 轿厢门门锁电气触点	1．轿厢门门锁清洁、无污物，固定可靠，动作灵敏、无阻碍。 2．无扭曲变形、锈蚀、破损等现象，触点表面无污垢、积灰等。 3．触点接触良好，接线正确、可靠、无破损老化现象		
7 轿厢门运行	1．在电梯运行过程中，轿厢门无脱轨、机械卡阻或行程终端时错位现象。 2．导向装置和应急导向装置可靠固定。 3．轿厢门及轿厢门部件无松动、锈蚀、破损和变形		
8 轿厢平层精度	平层精度应符合有关标准或制造厂家的技术要求		

4．对井道及底坑空间进行半月保养，填写表 13-5。

表 13-5　井道及底坑空间半月保养表

保养项目	保养要求	保养方法	保养情况
1 轿顶	1．轿顶应干净整洁，无油污和杂物。 2．轿顶应有足够的强度，在轿顶的任何位置上，应能支撑 2 个人的体重。 3．轿顶应有一块不小于 $0.12m^2$ 的站人用的面积，其短边不应小于 0.25m。 4．若轿顶设有防护栏，则防护栏的设置应满足制造标准的要求，并有关于俯伏或斜靠防护栏危险的警示标志或须知，固定在防护栏的适当位置。 5．固定在轿顶上的滑轮或链轮应按制造标准设置防护装置，固定可靠		
2 轿顶检修开关、轿顶急停开关	1．轿顶检修开关、轿顶急停开关的外观完好，固定可靠，接线正确。 2．轿顶应当装设一个易于靠近的检修控制装置，并且符合以下要求： ① 由一个符合电气安全装置要求，能够防止误操作的双稳态开关（检修开关）进行操作； ② 一旦进入检修运行，即取消正常运行，只有再一次操作检修开关，才能使电梯恢复正常运行； ③ 依靠持续按压按钮来控制轿厢运行，此按钮有防止误操作的保护，在按钮上或其旁边标出相应的运行方向； ④ 该装置上设有一个停止装置，停止装置的操作装置为双稳态开关且为红色，并标有“停止”字样，并且有防止误操作的保护； ⑤ 当检修运行时，安全装置仍然起作用。 3．轿顶应当装设一个从入口处易于靠近（距层站入口水平距离不大于 1m）的停止装置，停止装置的操作装置为双稳态、红色，并标有“停止”字样，并且有防止误操作保护。如果检修控制装置设在从入口处易于靠近的位置，该停止装置也可以设在检修控制装置上。 4．停止装置应能使电梯停止运行并保持在非服务状态		
3 油杯 （导靴上油杯）	1．油杯可靠固定，无破损，油毡、油绳应齐全，油毡磨损量不超过制造厂家的要求。 2．油杯内的油量适当		
4 对重及其压板	对重无松动，压板紧固		
5 井道及底坑照明	1．井道内应设有永久性的电气照明装置，在机房内易于靠近处应设有照明开关。 2．井道照明开关应可靠固定，接线正确。 3．井道照明开关上或附近应有清晰、明显的标志。 4．井道照明电源应与电梯驱动主机电源分开。 5．井道照明应这样设置：距井道最高点和最低点 0.5m 以内各装设一盏灯，再设中间灯；对于部分封闭的井道，如果井道附近有足够的电气照明，那么井道内可不设照明。 6．当所有的门都关闭时，轿顶和底坑地面以上 1m 处的照度至少为 50lx。 7．如果电梯其他部位也设置有可以控制井道照明的开关，那么这些开关应能独立控制井道照明		

续表

保养项目	保养要求	保养方法	保养情况
6 底坑环境	1．底坑内应干净整洁，无杂物及严重油污。 2．底坑内无渗水、积水。 3．距底坑地面 0.5m 内装设一个照明装置，底坑地面以上 1m 处的照度不小于 50lx。 4．如果底坑有爬梯，那么其应可靠固定		
7 底坑急停开关	1．底坑急停开关可靠固定，外观无破损。 2．底坑急停开关应为双稳态开关，如果有操作装置，那么其应是红色，并标有“停止”字样。 3．底坑急停开关应能使电梯停止运行并保持在非服务状态。 4．不进入底坑也应能操作底坑急停开关。 5．底坑急停开关的接线可靠、正确		

5．填写半月保养记录表（见表 13-6）。

表 13-6　半月保养记录表

<table>
<tr><td>本次保养起止时间</td><td>年　月　日　时　分—　年　月　日　时　分</td></tr>
<tr><td>下次保养时间</td><td>年　月　日</td></tr>
<tr><td colspan="2">1．机房温度应保持在 5～40℃之间，湿度应保持在电梯及检验所允许的范围内。　□符合　□不符合
2．市电网输入电压应正常，其波动应在额定电压±7%的范围内。　□符合　□不符合
3．空气中不应含有腐蚀性、易燃性气体及导电尘埃，特种电梯工作环境中的腐蚀性、易燃性气体及导电尘埃含量不应该超过该电梯的额定指标。　□符合　□不符合
4．作业现场（主要指机房、轿顶、底坑）应清洁，不应有与电梯工作无关的物品和设备，相关现场应放置表明正在进行作业的警示牌。　□符合　□不符合</td></tr>
<tr><td colspan="2">本次保养过程中发现的事故隐患及处理方式：</td></tr>
<tr><td colspan="2">要求增加的保养项目及故障描述、配件更换记录：</td></tr>
<tr><td colspan="2">更改下次保养时间的原因：</td></tr>
</table>

三、成果展示

小组代表介绍本小组的保养思路、不足，以及团队合作情况。

四、学习评价

在本学习过程中，学生通过查阅资料，了解了电梯半月保养项目的要求及方法，完成了对机房空间、层站空间、轿厢空间、井道及底坑空间的半月保养。根据活动过程评价表（见表 13-7）中的评价要点，开展自评、互评、教师评工作。

表 13-7　活动过程评价表

姓名：　　　　　　组别：　　　　　　　　　　　　日期：

序号	评价要点	配分	自评	互评	教师评	总评
1	能对机房空间进行半月保养	10				
2	能对井道及底坑空间进行半月保养	40				
3	能对轿厢空间进行半月保养	25				
4	能对层站空间进行半月保养	15				
5	能体现团队合作意识	10				
小结与建议：						

任务十四　电梯保养——季度保养项目

任务目标

能对电梯开展季度保养。

任务描述

根据电梯保养规则及规范要求，对电梯逐项实施季度保养项目。

工作流程与活动

对电梯四大空间，即机房、层站、轿厢、井道及底坑四大空间，逐项实施电梯季度保养项目，且对电梯安全标识的完整性进行检查。

学习活动　电梯季度保养项目

学习目标

能根据季度保养项目的要求及方法，对电梯机房、层站、轿厢、井道及底坑四大空间逐一进行检测、保养。

建议学时

4 学时。

学习准备

电梯、测量工具、钳工工具、清扫工具、各电气原理图。

学习过程

一、知识获取

扫描下方二维码，观看电梯季度保养的微课视频，乘客电梯、载货电梯、杂物电梯季度保养项目的方法如表 14-1 所示。

表 14-1 乘客电梯、载货电梯、杂物电梯季度保养项目的方法

保养项目	保养周期	保养方法
1 减速机润滑油	季度	1．断开机房主电源开关。 2．观察减速机内润滑油的油量是否适宜：对于有油针或者油位镜的，油位应在上述装置的刻度范围内，若油位指示低于刻度下限，则应根据制造厂家规定的油品型号加注润滑油。 3．检查油位镜和端盖处是否有渗油、漏油现象，若有渗油、漏油现象，则需更换衬垫。 4．检查蜗杆伸出端处是否有渗油、漏油现象，若漏油速度超过 150cm^3/h，则需更换蜗杆伸出端处的油封
2 制动衬	季度	1．断开机房主电源开关。 2．检查制动衬及制动轮的工作情况：制动衬、制动轮的表面应清洁、无油污，若有油污，则应在做好安全防护的前提下，拆下制动臂，用抹布对其进行清洁。 3．测量制动衬的磨损量，若磨损量超过制造厂家的规定，则应按制造厂家的技术要求及方法更换制动衬
3 编码器	季度	1．断开机房主电源开关。 2．清洁编码器表面的灰尘。 3．轻拉编码器接线，检查编码器的接线是否牢固，若有松动，则应紧固
4 选层器动、静触点	季度	1．断开机房主电源开关。 2．检查位置脉冲发生器是否可靠固定。 3．用抹布清洁位置脉冲发生器表面的灰尘。 4．轻拉位置脉冲发生器接线，检查位置脉冲发生器接线是否牢固，若有松动，则应紧固
5 曳引轮槽、 悬挂装置（曳引绳）	季度	1．断开机房主电源开关。 2．检查曳引轮槽及曳引绳有无油污，若油污严重，则应对其进行清洗。 3．调整曳引绳的张力至满足要求： ① 在轿顶操作检修控制装置，使电梯检修上下运行，将轿厢升到适当高度，以便于检查测量为宜，断开轿顶急停开关； ② 逐根测量曳引绳的张力：用测力计将各曳引绳拉至同一直线位置，分别读取各曳引绳的张力读数，计算出各曳引绳的平均张力值； ③ 将各曳引绳的张力与平均值相比较，将其差值除以平均值后，数值均应在 5%之内，若数值大于 5%，则应调整该曳引绳绳头装置的弹簧压紧螺母，使张力满足要求
6 限速器轮槽、限速器钢丝绳	季度	1．断开机房主电源开关。 2．检查限速器轮槽内是否有油污，若油污严重，则固定住限速器张紧轮装置，卸下限速器钢丝绳后用溶剂（如煤油等）对其进行清洗。 3．合上机房主电源开关，在机房检修运行电梯，检查限速器钢丝绳的表面有无油污，若油污严重，则用溶剂（如煤油等）对其进行清洗。 4．向轮轴注油，用直尺测量下轮距底坑的距离。开关应完好、有效，下轮距离底坑的高度应为 300mm 以上
7 靴衬、滚轮	季度	1．按照安全规范要求进入轿顶，切断驱动主机电源。 2．清理轿顶靴衬或滚轮与导轨之间的杂物，检查靴衬或滚轮是否磨损、变形或老化，达到制造厂家更换要求的，应予以更换，对活动部位进行润滑。 3．一人按照安全规范要求进入底坑，另一人在轿顶检修运行电梯至适合维修人员检查底坑的位置，切断驱动主机电源。 4．清理轿底靴衬或滚轮与导轨之间的杂物，检查靴衬或滚轮是否磨损、变形或老化，达到制造厂家更换要求的，应予以更换，对活动部位进行润滑。 5．测量导靴与导轨之间的间隙。在井道中部用手撑住井壁，晃动轿厢或用塞尺检查间隙，保证间隙符合要求，有弹簧导靴为 2mm，无弹簧导靴为 0.5mm，主、副导靴磨损 1/3 时需更换

续表

保养项目	保养周期	保养方法
8 验证轿厢门关闭的电气安全装置	季度	1．按照安全规范要求进入轿顶，检修运行电梯至便于维修人员操作的位置，切断驱动主机电源。 2．断开机房主电源开关，清洁并检查电气安全装置及电气线路。 3．打开电气安全装置的外壳，手动运行轿厢门，观察电气安全装置的电气触点能否可靠断开或接触，必要时进行调整。 4．用细砂纸清洁电气触点。 5．合上电梯主电源开关，断开门机电源，进入轿顶，操作检修控制装置使电梯运行，运行时人为打开轿厢门，验证电气安全装置能否使电梯停止运行或使电梯不能启动
9 层门传动用钢丝绳、门机传动皮带（链条、胶带）	季度	1．按照安全规范要求进入轿顶，检修运行电梯至便于维修人员操作的位置，切断驱动主机电源。 2．清洁层门传动用钢丝绳，检查钢丝绳的表面有无锈蚀，钢丝绳两端的固定螺母是否松动，若表面锈蚀严重，则应更换，若钢丝绳固定部位的螺母松动，则应用扳手进行紧固。 3．在厅外用抹布清洁门机传动皮带（胶带、链条）表面的灰尘及油污，检查其有无破损或锈蚀，若有破损或锈蚀，则应更换。 4．根据制造厂家的技术要求和方法调整门机传动皮带（胶带、链条）的张紧度
10 层门导靴	季度	1．按照安全规范要求进入轿顶，检修运行电梯至便于维修人员操作的位置，切断驱动主机电源。 2．清理地坎槽中的垃圾和杂物。 3．检查导靴是否可靠固定，若有松动，则应用扳手紧固。 4．手动开闭层门，检查导靴有无异常磨损，若磨损量超过制造厂家技术要求，则需更换
11 消防开关	季度	1．将电梯正常运行至消防撤离层。 2．检查消防开关的防护玻璃及开关是否齐全，外表有无破损，若有破损，则应更换。 3．使电梯处于正常运行状态，在轿厢内登记两个以上信号，等电梯正常运行后操作消防开关，观察电梯的运行状况，若不满足要求，则应进行维修
12 耗能缓冲器	季度	1．按照安全规范要求进入底坑。 2．清理耗能缓冲器及柱塞表面的灰尘。 3．检查耗能缓冲器柱塞的表面有无锈蚀，若有锈蚀，则应用合适的砂纸进行打磨，然后在表面涂上润滑脂（如黄油等）防锈。 4．打开耗能缓冲器顶端注油孔的螺帽或者螺钉，用油量测试器检测耗能缓冲器的油量，若油量不足，则应加注制造厂家规定型号的机油，使油量满足要求。 5．检查耗能缓冲器开关的工作是否正常： ① 断开开关，在轿顶检修运行电梯，轿厢应不能启动； ② 复位开关，在轿顶检修运行电梯，轿厢能正常检修运行。若不能满足要求，则需要对开关进行检查，更换损坏的开关。 6．保养结束后，应在耗能缓冲器上罩上防护罩
13 限速器张紧轮装置和电气安全装置	季度	1．按照安全规范要求进入底坑。 2．紧固限速器张紧轮装置的固定螺母。 3．清理限速器张紧轮装置表面的灰尘，润滑限速器张紧轮装置的轴承。 4．检查限速器张紧轮装置的表面是否生锈，轮槽磨损是否严重。 5．调整挡板位置或钢丝绳长度，使挡板与电气开关之间的距离符合制造厂家的技术要求。 6．检查张紧轮电气开关工作是否正常： ① 断开电气开关，在轿顶检修运行电梯，轿厢应不能启动； ② 复位电气开关，在轿顶检修运行电梯，轿厢能正常检修运行

二、技能操作

1．对机房空间进行季度保养，填写表 14-2。

表 14-2　机房空间季度保养表

保养项目	保养要求	保养方法	保养情况
1 减速机润滑油	1．减速机内润滑油的油量要适宜。 2．除蜗杆伸出端外均无渗油、漏油现象		
2 制动衬	1．制动衬的表面应清洁，无油污。 2．制动衬的磨损量不应超过制造厂家的规定		
3 编码器	1．固定可靠，表面清洁、无灰尘。 2．接线可靠、牢固		
4 选层器动、静触点	1．选层器固定可靠，无晃动。 2．动、静触点的表面清洁、无灰尘。 3．动、静触点工作正常，表面无烧蚀		
5 曳引轮槽、悬挂装置（曳引绳）	1．曳引轮槽和曳引绳的表面应清洁，不应有尘渣等污物。 2．曳引绳的张力应均匀，任何一根绳的张力与所有绳的张力平均值的偏差均不大于 5%		
6 限速器轮槽、限速器钢丝绳	限速器轮槽和限速器钢丝绳的表面应清洁，不应有尘渣等污物		

2．对层站空间进行季度保养，填写表 14-3。

表 14-3　层站空间季度保养表

保养项目	保养要求	保养方法	保养情况
1 层门导靴	1．固定可靠，不松动。 2．运行顺畅，不卡阻。 3．磨损量不超过制造厂家的规定		
2 消防开关	1．消防开关应当设在基站或者消防撤离层，防护玻璃应当完好，并且标有“消防”字样。 2．消防开关动作后，电梯应取消所有运行指令，在就近层站平层后不开门直接返回消防撤离层后开门待命		

3．对轿厢空间进行季度保养，填写表 14-4。

表 14-4　轿厢空间季度保养表

保养项目	保养要求	保养方法	保养情况
1 验证轿厢门关闭的电气安全装置	1．外观应无破损，固定可靠，接线正确，电气线路无老化、破损现象。 2．电气触点应接触良好。 3．电气安全装置的活动部分与固定部分的相对位置应能使其电气触点可靠断开或接触。 4．轿厢门未关闭前，电梯应不能继续运行或不能启动		
2 层门传动用钢丝绳、门机传动皮带（链条、胶带）	1．层门传动用钢丝绳应清洁，无油污，无断丝、变形等现象。 2．门机传动皮带（链条、胶带）应无严重油污，无锈蚀、破损等现象，张力符合制造厂家的要求，润滑适当。 3．门机传动皮带（链条、胶带）应清洁，无油污，无变形、破损等现象，张力符合制造厂家的要求		

4．对井道及底坑空间进行季度保养，填写表 14-5。

表 14-5　井道及底坑空间季度保养表

保养项目	保养要求	保养方法	保养情况
1 靴衬、滚轮	1．导靴可靠固定、无严重油污，靴衬的磨损量不超过制造厂家的规定。 2．滚轮架可靠固定，滚轮的表面无油污，无变形、老化等现象，活动部位润滑适当，磨损量不超过制造厂家的规定		
2 耗能缓冲器	1．耗能缓冲器应可靠固定，柱塞有防尘、防锈措施，油量适宜。 2．电气安全装置可靠固定、安装位置正确、外观无破损、动作灵敏、接线可靠。 3．耗能缓冲器动作后，电气安全装置应能使电梯不能继续运行或不能启动。 4．耗能缓冲器的液位应当正确，有验证柱塞复位的电气安全装置		
3 限速器张紧轮装置和电气安全装置	1．限速器张紧轮装置安装正确、可靠固定、无严重油污。 2．张紧轮动作灵活，运转时无异常声音，润滑适当。 3．电气安全装置可靠固定、安装位置正确、外观无破损、动作灵敏、接线可靠。 4．导向装置无阻碍		

5．填写季度保养记录表（见表 14-6）。

表 14-6　季度保养记录表

本次保养起止时间	年　月　日　时　分—　年　月　日　时　分
下次保养时间	年　月　日
1．机房温度应保持在 5～40℃之间，湿度应保持在电梯及检验所允许的范围内。　□符合　□不符合 2．市电网输入电压应正常，其波动应在额定电压±7%的范围内。　□符合　□不符合 3．空气中不应含有腐蚀性、易燃性气体及导电尘埃，特种电梯工作环境中的腐蚀性、易燃性气体及导电尘埃含量不应该超过该电梯的额定指标。　□符合　□不符合 4．作业现场（主要指机房、轿顶、底坑）应清洁，不应有与电梯工作无关的物品和设备，相关现场应放置表明正在进行作业的警示牌。　□符合　□不符合	
本次保养过程中发现的事故隐患及处理方式：	
要求增加的保养项目及故障描述、配件更换记录：	
更改下次保养时间的原因：	

三、成果展示

小组代表介绍本小组的保养思路、不足，以及团队合作情况。

四、学习评价

在本学习活动中，学生通过查阅资料，了解了电梯季度保养项目的要求及方法，完成了对机房空间、轿厢空间、层站空间、井道及底坑空间的季度保养。根据活动过程评价表（见表 14-7）中的评价要点，开展自评、互评、教师评工作。

表 14-7　活动过程评价表

姓名：　　　　　　组别：　　　　　　日期：

序号	评价要点	配分	自评	互评	教师评	总评
1	能对机房空间进行季度保养	10				
2	能对井道及底坑空间进行季度保养	40				
3	能对轿厢空间进行季度保养	25				
4	能对层站空间进行季度保养	15				
5	能体现团队合作意识	10				
小结与建议：						

任务十五　电梯保养——半年保养项目

任务目标

能对电梯开展半年保养。

任务描述

根据电梯保养规则及规范要求，对电梯逐项实施半年保养项目。

工作流程与活动

对电梯四大空间，即机房、层站、轿厢、井道及底坑四大空间逐项实施电梯半年保养项目，且对电梯安全标识的完整性进行检查。

学习活动　电梯半年保养项目

学习目标

能根据半年保养项目的要求及方法，对电梯机房、层站、轿厢、井道及底坑四大空间逐一进行检测、保养。

建议学时

4 学时。

学习准备

电梯、测量工具、钳工工具、清扫工具、各电气原理图。

学习过程

一、知识获取

扫描下方二维码，观看电梯半年保养的微课视频，乘客电梯、载货电梯、杂物电梯半年保养项目的方法如表 15-1 所示。

表 15-1　乘客电梯、载货电梯、杂物电梯半年保养项目的方法

保养项目	保养周期	保养方法
1 电动机与减速机联轴器螺栓	半年	1．断开机房主电源开关。 2．紧固电动机与减速机联轴器上的各螺栓
2 曳引轮、导向轮轴承	半年	1．一人在轿厢内正常运行电梯，另一人在机房观察曳引轮和导向轮的工作状况。 2．观察曳引轮和导向轮在电梯运行时是否有异常声音和震动。 3．断开机房主电源开关，拆除曳引轮防护罩，按制造厂家要求向轿顶轮和对重轮的轴承加注润滑脂。 4．清洁轮轴及周围的油污
3 曳引轮槽	半年	1．断开机房主电源开关。 2．拆除曳引轮防护罩。 3．用绳槽检测尺检测曳引轮槽，检查其磨损量是否超过制造厂家的规定，若已超过规定，则应进行维修或者更换同规格的曳引轮。 4．安装曳引轮防护罩
4 制动器动作状态监测装置（制动器检测开关）	半年	1．断开机房主电源开关。 2．清洁制动器检测开关，按制造厂家的技术要求及方法调整开关动作间隙。 3．紧固制动器检测开关的接线
5 控制柜内各接线端子	半年	1．断开机房主电源开关。 2．检查控制柜内各接线端子，其线号是否齐全、清晰，若有缺失或模糊不清的，应参照制造厂家提供的电气布线图或者电气原理图重新标注。 3．用螺丝刀逐个拧紧并紧固控制柜内各接线端子。检查控制柜内的继电器、接触器、主板等与接线点的接线，用万用表测量输入电压
6 控制柜内各仪表	半年	一人在轿厢内正常运行电梯，另一人在机房观察控制柜内各仪表的工作状态是否正常，显示是否正确
7 井道、对重、轿顶各反绳轮轴承	半年	1．断开驱动主机电源，拆除轿顶反绳轮的防护装置，紧固固定螺栓。 2．按制造厂家的要求向轿顶轮和对重轮的轴承加注润滑脂。 3．恢复驱动主机电源，检修运行电梯，观察轿顶轮、对重轮是否正常工作，有无异常声音和震动，若有异常声音或震动，则应根据制造厂家的技术要求进行调整或维修。 4．清洁轮轴上及周围的油污
8 悬挂装置（曳引绳）、补偿绳	半年	1．按照安全规范要求进入轿顶，检修运行电梯至适当位置，切断驱动主机电源。 2．用游标卡尺测量曳引绳及补偿绳的公称直径，测量时，以相距至少 1m 的两点为测量点，在每点相互垂直的方向测量两次，四次测量值的平均值即为曳引绳的直径，计算其磨损量是否超过 10%。 3．恢复驱动主机电源，检修运行电梯，检查整个行程中曳引绳的状况。 4．符合报废条件的应根据制造厂家的技术要求和方法进行更换。 5．目视手检，用拉尺测量补偿轮链与底坑的距离。补偿轮链应无松弛、断裂现象，补偿轮装置或补偿轮链与底坑之间的间隙保持 100mm，无擦撞响声，补偿轮开关完好有效，绳头弹簧、销子、U 字螺钉、保护网套和挂钩等完好
9 绳头装置	半年	1．切断驱动主机电源。 2．清洁各绳头装置。 3．检查绳头装置各部件是否齐全，若有缺失或破损，则应进行更换或维修。 4．紧固所有绳头的固定螺母，保证螺母无松动
10 限速器钢丝绳	半年	1．按照安全规范要求进入轿顶，检修运行整个行程。 2．检查限速器钢丝绳的使用状况，若磨损量和断丝数量符合制造厂家的报废条件，则应予以更换

续表

保养项目	保养周期	保养方法
11 层门、轿厢门门扇	半年	1．按照安全规范要求进入轿顶。 2．检修运行电梯，测量各层门门扇的间隙，若不符合要求，则应进行调整。 3．将轿厢停在某层站平层位置，在轿厢内检查轿厢门间隙，若不符合要求，则应进行调整。 4．检查门扇外观，必要时进行调整
12 轿厢门开门限制装置	半年	1．检修运行电梯，使轿厢上行至在轿顶能检测到该限制装置。 2．检测门锁钩及电气触点是否有效
13 对重缓冲距	半年	1．将电梯正常运行至顶层端站平层位置，切断驱动主机电源。 2．按照安全规范要求进入底坑，测量对重撞板与对重缓冲器顶面间的垂直距离，并与标识的允许距离进行比较。 3．让轿厢停在顶层，用卷尺测量对重缓冲距，其应符合规定尺寸： 油压式缓冲器：300～400mm； 弹簧式缓冲器：250～350mm。 4．若对重缓冲距不满足条件，则应根据制造厂家的技术要求及方法进行调整
14 补偿链（绳）与轿厢、对重接合处	半年	1．按照安全规范要求进入轿顶或底坑。 2．补偿链（绳）与轿厢接合处的检查：一人检修运行电梯至行程底部合适位置，切断驱动主机电源，另一人在底坑检查补偿链（绳）与轿厢接合处的固定情况。 3．补偿链（绳）与对重接合处的检查：在轿顶检修运行电梯至行程中部合适位置，切断驱动主机电源，检查补偿链（绳）与对重接合处的固定情况
15 上极限开关、下极限开关	半年	1．按照安全规范要求进入轿顶，检修运行电梯至顶层端站。 2．清理上极限开关表面的灰尘，紧固上极限开关的接线。 3．一人在机房短接上限位开关，另一人操作轿顶检修控制装置使电梯向上点动运行至上极限开关动作，观察电梯是否可靠制停。 4．打开顶层端站层门，测量轿厢地坎与层门地坎之间的垂直距离，此距离应小于对重缓冲距，也可以在按照安全规范要求进入底坑后，观察对重撞板与对重缓冲器顶面是否接触，必要时调整上极限开关的位置。 5．在机房短接上极限开关和对重缓冲器电气开关（若有），操作轿顶检修控制装置使电梯继续向上运行，观察对重缓冲器被压缩期间上极限开关能否保持其动作状态。 6．按照安全规范要求进入底坑，清理下极限开关表面的灰尘，紧固下极限开关的接线。 7．在机房短接下限位开关，使电梯向下点动检修运行至下极限开关动作，观察电梯是否可靠制停，同时观察轿厢撞板与对重缓冲器顶面是否接触，必要时调整下极限开关的位置。 8．在机房短接下极限开关和对重缓冲器电气开关（若有），操作轿顶检修控制装置使电梯继续向下运行，观察对重缓冲器被压缩期间下极限开关能否保持其动作状态。 9．手检各开关。开关应动作灵活、功能可靠，限位开关在（30±15）mm 范围内起作用；极限开关在 50～80mm 范围内起作用；强迫减速开关应符合产品要求

二、技能操作

1．对机房空间进行半年保养，填写表 15-2。

表 15-2　机房空间半年保养表

保养项目	保养要求	保养方法	保养情况
1 电动机与减速机联轴器螺栓	连接可靠，不松动		
2 曳引轮、导向轮轴承	无异常声音和震动，轴承润滑良好		

续表

保养项目	保养要求	保养方法	保养情况
3 曳引轮槽	磨损量不超过制造厂家的规定		
4 制动器动作状态监测装置（制动器检测开关）	1．制动器检测开关的接线可靠、无破损。 2．制动器检测开关动作灵活，间隙适当		
5 控制柜内各接线端子	1．各接线端子的线号齐全、清晰。 2．各接线端子绑扎整齐，接线紧固。 3．控制柜内的继电器、接触器、主板等与接线点的接线不松动、接触良好、电源电压正确，开关门继电器的机电连锁机构完好有效		
6 控制柜内各仪表	各仪表可靠固定，显示正常		

2．对层站空间进行半年保养，填写表15-3。

表15-3　层站空间半年保养表

保养项目	保养要求	保养方法	保养情况
层门、轿厢门门扇	1．层门、轿厢门门扇各间隙应满足以下要求： ① 对于门扇之间及门扇与立柱、门楣与地坎之间的间隙，乘客电梯应不大于6mm；载货电梯应不大于8mm，使用过程中由于磨损，允许达到10mm； ② 在水平移动门和折叠门主动门扇的开启方向，将150N的推力施加在最不利的点，对于旁开门，两门扇的间隙不大于30mm，对于中分门，两门扇的间隙总和不大于45mm。 2．门扇外观清洁，无影响正常使用的变形 3．门刀与地坎之间的间隙为6～10mm，轿厢门地坎与层门地坎之间的间隙为（30±3）mm。		

3．对轿厢空间进行半年保养，填写表15-4。

表15-4　轿厢空间半年保养表

保养项目	保养要求	保养方法	保养情况
轿厢门开门限制装置	工作正常		

4．对井道及底坑空间进行半年保养，填写表15-5。

表15-5　井道及底坑空间半年保养表

保养项目	保养要求	保养方法	保养情况
1 井道、对重、轿顶各反绳轮轴承	无异常声音和震动，轴承润滑良好		

续表

保养项目	保养要求	保养方法	保养情况
2 悬挂装置（曳引绳）、补偿绳	1．无严重油污，无变形、扭曲现象； 2．出现下列情况之一时，曳引绳应当报废： ① 出现笼状畸变、绳芯挤出、扭结、部分压扁、弯折等现象； ② 断丝分散出现在整条曳引绳，任何一个捻距内单股的断丝数大于4根；或者断丝集中在曳引绳某一部位或某一股，一个捻距内断丝数大于12根（对于股数为6的曳引绳）或者大于16根（对于股数为8的曳引绳）； ③ 磨损后的曳引绳直径小于曳引绳公称直径的90%。 3．采用其他类型悬挂装置的，悬挂装置的磨损、变形等应当不超过制造单位设定的报废指标		
3 绳头装置	1．绳头装置清洁，无严重油污。 2．绳头装置各部件齐全，无破损、变形现象。 3．钢丝绳无断股、松股现象，悬挂装置绳头、弹簧、减震胶垫、销子完好有效		
4 限速器钢丝绳	1．无严重油污，无变形、扭曲现象。 2．磨损量、断丝数不超过制造厂家的规定		
5 补偿链（绳）与轿厢、对重接合处	1．固定可靠，无变形、扭曲现象。 2．接合处的连接方法应满足制造厂家的技术要求		
6 上极限开关、下极限开关	1．固定可靠，外观无破损。 2．表面应清洁、无灰尘，接线无破损、严重老化现象。 3．安装位置正确，应在对重或轿厢撞板碰到对重缓冲器之前动作；并在对重缓冲器被压缩期间保持动作状态。 4．当极限开关动作时，应当使电梯驱动主机停止运转并保持停止状态		
7 对重缓冲距	1．对重缓冲距应大于上极限开关的动作距离，同时应小于允许最大越程距离。 2．在对重缓冲器附近，应清晰标识对重缓冲距的允许范围		

5．填写半年保养记录表（见表15-6）。

表15-6　半年保养记录表

本次保养起止时间	年　月　日　时　分—　年　月　日　时　分
下次保养时间	年　月　日
1．机房温度应保持在5～40℃之间，湿度应保持在电梯及检验所允许的范围内。　□符合　□不符合 2．市电网输入电压应正常，其波动应在额定电压±7%的范围内。　□符合　□不符合 3．空气中不应含有腐蚀性、易燃性气体及导电尘埃，特种电梯工作环境中的腐蚀性、易燃性气体及导电尘埃含量不应该超过该电梯的额定指标。　□符合　□不符合 4．作业现场（主要指机房、轿顶、底坑）应清洁，不应有与电梯工作无关的物品和设备，相关现场应放置表明正在进行作业的警示牌。　□符合　□不符合	
本次保养过程中发现的事故隐患及处理方式：	

续表

要求增加的保养项目及故障描述、配件更换记录：
更改下次保养时间的原因：

三、成果展示

小组代表介绍本小组的保养思路、不足，以及团队合作情况。

四、学习评价

在本学习活动中，学生通过查阅资料，了解了电梯半年保养项目的要求及方法，完成了对机房空间、轿厢空间、层站空间、井道及底坑空间的半年保养。根据活动过程评价表（见表 15-7）中的评价要点，开展自评、互评、教师评工作。

表 15-7 活动过程评价表

姓名： 组别： 日期：

序号	评价要点	配分	自评	互评	教师评	总评
1	能对机房空间进行半年保养	10				
2	能对井道及底坑空间进行半年保养	40				
3	能对轿厢空间进行半年保养	25				
4	能对层站空间进行半年保养	15				
5	能体现团队合作意识	10				
小结与建议：						

任务十六 电梯保养——年度保养项目

任务目标

能对电梯开展年度保养。

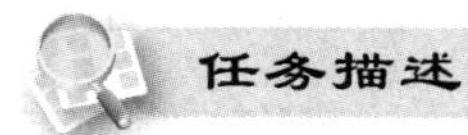

任务描述

根据电梯保养规则及规范要求，对电梯逐项实施年度保养项目。

工作流程与活动

对电梯四大空间，即机房、层站、轿厢、井道及底坑四大空间逐项实施年度保养项目，且对电梯安全标识的完整性进行检查。

学习活动 电梯年度保养项目

学习目标

能根据年度保养项目的要求及方法，对电梯机房、层站、轿厢、井道及底坑四大空间逐一进行检测、保养。

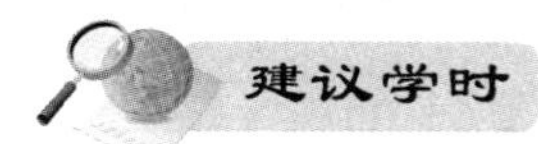

建议学时

4 学时。

学习准备

电梯、测量工具、钳工工具、清扫工具、各电气原理图。

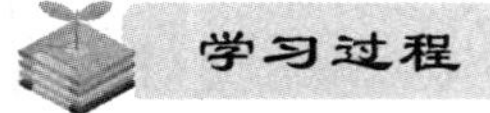

学习过程

一、知识获取

扫描下方二维码，观看电梯年度保养的微课视频，乘客电梯、载货电梯、杂物电梯年度保养项目的方法如表 16-1 所示。

表 16-1 乘客电梯、载货电梯、杂物电梯年度保养项目的方法

保养项目	保养周期	保养方法
1 减速机润滑油	年度	1．切断机房主电源开关。 2．打开减速机注油孔端盖，检查润滑油性能，观察润滑油是否混浊、发黑，里面是否有颗粒状杂质。 3．必要时根据制造厂家的技术要求及方法更换润滑油
2 控制柜接触器、继电器触点	年度	1．断开机房主电源开关。 2．清理控制柜内各继电器、接触器表面的灰尘，紧固继电器、接触器接线端的接线。 3．拆开继电器、接触器触点的罩壳，用合适的砂纸对继电器、接触器触点进行打磨，若触点表面烧蚀严重，则应进行更换
3 活动铁芯（柱塞）	年度	1．把控制柜检修开关拨至检修位置，短接上限位开关、上极限开关和对重缓冲器开关，操作检修控制装置使轿厢向上运行，直至对重完全压在对重缓冲器上，轿厢不能继续提升为止。 2．断开机房主电源开关。 3．拆下制动器两边的制动臂，取出活动铁芯，对活动铁芯及导向套进行清洁。 4．观察活动铁芯及导向套的磨损情况是否符合制造厂家的技术要求。 5．对满足使用条件的活动铁芯，按制造厂家的技术要求及方法对活动铁芯表面和导向套进行适当润滑。 6．重新装配制动器，合上机房主电源开关，操作控制柜检修控制装置使电梯点动向下运行，调整制动器间隙，待轿厢脱离极限开关后拆除所有短接线，恢复电梯正常运行
4 制动器制动能力（制动器压缩弹簧的压缩量）	年度	1．断开机房主电源开关。 2．检查制动器压缩弹簧的表面有无裂缝和锈蚀，若有裂缝或锈蚀严重，则应更换。 3．按制造厂家的技术要求，调整制动器压缩弹簧的压缩量。 4．保持足够的制动力，必要时进行轿厢装载 125%额定载重量的制动试验
5 导电回路绝缘性能测试	年度	1．断开机房主电源开关和照明开关，并断开所有连接到控制电路板的连接线。 2．使用绝缘电阻表分别测量动力电路、照明电路和电气安全装置电路的绝缘电阻
6 限速器、安全钳联动试验	年度	1．使轿厢空载，将电梯检修运行至井道行程下部。 2．手动模拟限速器机械动作，向下检修运行电梯，限速器开关应随限速器转动而动作，电梯应立即停止运行且不能再启动。 3．短接限速器电气开关，继续向下检修运行电梯，安全钳应能动作，安全钳电气开关一旦动作，电梯应立即停止运行且不能再启动。 4．短接安全钳的电气开关，继续向下检修运行电梯，轿厢应无法移动。 5．恢复电梯主电源，向上检修运行电梯，当限速器锁止部件松开时，先恢复限速器到正常状态，再复位限速器电气开关和安全钳电气开关。 6．检查安全钳动作处的导轨表面是否有擦痕或毛刺，若有擦痕或毛刺，则应用锉刀进行修整。 7. 用塞尺测量安全钳的楔块与导轨之间的间隙，保证楔块与导轨之间的间隙为 2～2.5mm，拉动时四个楔块动作一致，安全钳电气开关率先动作，限位螺钉要拧紧，止动尺寸为 60～65mm
7 上行超速保护装置动作试验	年度	1．轿厢使用双向式安全钳作为上行超速保护装置： ① 一人按照安全规范要求进入轿顶，使轿厢从行程下部向上检修运行，另一人在机房人为操作限速器电气开关，观察电梯是否立即停止运行，若无法立即停止运行，则应维修或更换该开关； ② 短接限速器电气开关和安全钳电气开关，机房维修人员人为使限速器机械动作，轿顶维修人员操作检修控制装置使电梯继续向上运行，观察轿厢是否能继续运行，安全钳电气开关能否动作，如果轿厢能继续运行，那么应检查安全钳联动机构及楔块动作是否灵活，进行相应调整或维修。如果安全钳电气开关不能可靠动作，那么应调整安全钳电气开关的位置，减小安全钳电气开关与挡块之间的间隙，保证安全钳电气开关可靠动作；

续表

保养项目	保养周期	保养方法
7 上行超速保护装置动作试验	年度	③ 轿顶维修人员操作轿顶检修控制装置使轿厢往下运行，观察安全钳电气开关能否自动复位，若不能自动复位，则应先检查安全钳楔块与导轨表面之间有无杂物，再检查安全钳联动机构及楔块动作是否灵活，根据检查情况进行相应调整、清洗或维修； ④ 复位限速器机械动作部件、限速器电气开关和安全钳电气开关，若有必要，则清洁安全钳动作处的导轨表面。 2．使用夹绳器作为上行超速保护装置： ① 一人按规定方法进入轿顶，使轿厢从行程下部往上检修运行，另一人在机房人为操作夹绳器电气安全开关，观察电梯是否立即停止运行，若无法立即停止运行，则应进行维修或更换该开关； ② 短接夹绳器电气安全开关，机房维修人员人为使夹绳器机械动作，轿顶维修人员操作检修控制装置使电梯继续往上运行，观察轿厢是否能继续运行，若能继续运行，则表示夹绳器上行超速保护功能失效，应根据制造厂家的技术要求进行调整或维修； ③ 复位夹绳器电气安全开关和机械动作部件，观察曳引绳表面有无损伤。 3．采用作用在曳引轮或靠近曳引轮的曳引轴上的制动器作为上行超速保护装置：根据制造厂家提供的技术文件和试验方法进行试验
8 轿厢意外移动保护装置动作试验	年度	根据厂家指导说明进行保养
9 轿顶、轿厢架、轿厢门及其附件固定螺栓	年度	1．按照安全规范要求进入轿顶，检修运行电梯至适当位置，切断驱动主机电源。 2．检查轿顶、上梁、立柱、门机、安全钳联动机构、轿顶接线盒、感应器等部件的固定螺栓是否紧固，若有松动，则应进行紧固。 3．操作轿顶检修控制装置，将轿厢停在方便维修轿厢门的位置，打开层门，检查轿厢门、门刀、安全触板、光幕等部件的固定螺栓是否紧固，若有松动，则应进行紧固
10 轿厢和对重导轨支架的固定螺栓	年度	1．按照安全规范要求进入轿顶，在井道全程检修运行电梯。 2．逐个紧固轿厢和对重导轨支架的固定螺栓
11 导轨	年度	1．按照安全规范要求进入轿顶，在井道全程检修运行电梯。 2．观察导轨表面，若油污较多，则可以用煤油进行清洗。 3．紧固导轨连接板和导轨压板的固定螺栓
12 随行电缆	年度	1．按照安全规范要求进入轿顶，在井道全程检修运行电梯，在轿顶或底坑清洁随行电缆并观察其与其他装置之间的距离 2．当轿厢在底层平层时，电缆最低点与底坑地面之间的距离应大于对重缓冲器压缩行程与对重缓冲距的总和
13 层门装置和层门地坎	年度	1．按照安全规范要求进入轿顶，检修运行电梯至适当位置，切断驱动主机电源。 2．检查层门各部位有无影响正常使用的变形，若变形严重，影响正常使用，则应拆下层门进行整形，不能整形的应予以更换。 3．检查各层门挂板上的固定螺栓是否紧固，若有松动，则应用扳手进行紧固。 4．检查各层门地坎的固定螺栓是否紧固，若有松动，则应用扳手进行紧固。 5．检查各层门地坎有无明显变形，地坎槽有无过度磨损，若层门地坎变形或地坎槽磨损严重，影响电梯正常使用，则应予以更换
14 超载保护装置	年度	1．将轿厢停于底层端站平层位置，轿厢内装载额定载荷，超载保护装置应不动作。 2．当继续加载至超过 110%额定载重量（超载量不少于 75kg）时，电梯超载保护装置应动作，检查此时轿厢内声光报警是否正常，试验电梯能否启动
15 安全钳钳座	年度	1．若安全钳安装在轿厢下部，应在底坑检查安全钳钳座，一人在轿顶操作检修控制装置，使轿厢向下运行，将轿厢停在合适位置后，切断驱动主机电源；另一人先操作底坑急停开关，然后检查并紧固安全钳钳座的固定螺栓。 2．若安全钳安装在轿厢上部，应在轿顶检查安全钳钳座，将轿厢停在适当位置后，切断驱动主机电源，检查并紧固安全钳钳座的固定螺栓。 3．若安全钳钳座内油污严重，则应拆下清洗

续表

保养项目	保养周期	保养方法
16 轿底各固定螺栓	年度	一人在轿顶操作检修装置使轿厢向下运行，将轿厢停在下端站适合底坑维修人员操作的位置；另一人在底坑检查轿厢下梁、直梁、补偿链（绳）、随行电缆等部件的固定螺栓是否有松动，若有松动，则应用扳手进行紧固
17 缓冲器	年度	1．按照安全规范要求进入底坑。 2．断开底坑急停开关，用手晃动缓冲器，观察缓冲器有无晃动，若有晃动，则应用扳手紧固缓冲器的固定螺栓

二、技能操作

1．对机房空间进行年度保养，填写表16-2。

表16-2 机房空间年度保养表

<table>
<tr><th>保养项目</th><th>保养要求</th><th>保养方法</th><th>保养情况</th></tr>
<tr><td>1
减速机润滑油</td><td>润滑油无混浊、发黑现象，里面没有颗粒状杂质</td><td></td><td></td></tr>
<tr><td>2
控制柜接触器、继电器触点</td><td>1．固定可靠，外观无破损、缺失，表面无积灰。
2．运行时无异常声音。
3．动作灵活，触点接触良好</td><td></td><td></td></tr>
<tr><td>3
活动铁芯（柱塞）</td><td>1．表面清洁、无污垢。
2．润滑良好，动作灵活。
3．磨损量不超过制造厂家的规定</td><td></td><td></td></tr>
<tr><td>4
制动器制动能力（制动器压缩弹簧的压缩量）</td><td>1．表面无锈蚀和裂缝。
2．压缩量符合制造厂家的规定</td><td></td><td></td></tr>
<tr><td>5
导电回路绝缘性能测试</td><td>动力电路、照明电路和电气安全装置电路的绝缘电阻应当符合下述要求：
<table>
<tr><th>标称电压/V</th><th>测试电压（直流）/V</th><th>绝缘电阻/MΩ</th></tr>
<tr><td>安全电压</td><td>250</td><td>≥0.25</td></tr>
<tr><td>≤500</td><td>500</td><td>≥0.50</td></tr>
<tr><td>>500</td><td>1000</td><td>≥1.00</td></tr>
</table></td><td></td><td></td></tr>
<tr><td>6
限速器、安全钳联动试验</td><td>1．限速器应在动作速度校验合格有效期内。
2．使轿厢空载，电梯以检修速度下行，进行限速器、安全钳联动试验，限速器、安全钳的动作应当可靠。
3．对于使用年限不超过15年的限速器，每2年进行一次限速器动作速度校验；对于使用年限超过15年的限速器，每年进行一次限速器动作速度校验</td><td></td><td></td></tr>
</table>

2．对层站空间进行年度保养，填写表16-3。

表16-3 层站空间年度保养表

保养项目	保养要求	保养方法	保养情况
层门装置和层地坎	1．各固定螺栓应紧固。 2．层门和层门地坎无影响正常使用的变形。 3．地坎槽无过度磨损		

3．对轿厢空间进行年度保养，填写表 16-4。

表 16-4　轿厢空间年度保养表

保养项目	保养要求	保养方法	保养情况
1 轿厢意外移动保护装置动作试验	工作正常		
2 轿顶、轿厢架、轿厢门及其附件固定螺栓	各螺栓应齐全，固定可靠		
3 轿厢和对重导轨支架	各螺栓应紧固、不松动		
4 导轨	1．导轨无扭曲、变形，无严重油污。 2．导轨连接板和压板应可靠固定、不松动		
5 超载保护装置	电梯应当设置超载保护装置，当轿厢内的载荷超过110%额定载重量（超载量不少于 75kg）时，能够防止电梯正常启动及再平层，并且轿厢内有音响或者发光信号提示，动力驱动的自动门完全打开，手动门保持在未锁状态		
6 轿底各固定螺栓	各螺栓应紧固，不松动		

4．对井道及底坑空间进行年度保养，填写表 16-5。

表 16-5　井道及底坑空间年度保养表

保养项目	保养要求	保养方法	保养情况
1 上行超速保护装置动作试验	当轿厢上行速度失控时，轿厢上行超速保护装置应动作，使轿厢制停或者至少使其速度降低到对重缓冲器的设计范围内；该装置动作时，应使一个电气安全装置动作		
2 随行电缆	1．表面清洁、无严重油污，无变形、扭曲、破损； 2．随行电缆应当避免与限速器钢丝绳、选层器钢带、限位与极限开关等装置干涉，当轿厢压实在缓冲器上时，电缆不得与地面和轿厢底边框接触		
3 安全钳钳座	1．安全钳应可靠固定、不松动。 2．钳座内应无严重油污，钳块动作机构应动作灵活、无阻碍		
4 缓冲器	可靠固定、不松动		

5．填写年度保养记录表（见表16-6）。

表16-6　年度保养记录表

本次保养起止时间	年　月　日　时　分—　年　月　日　时　分
下次保养时间	年　月　日
1．机房温度应保持在5～40℃之间，湿度应保持在电梯及检验所允许的范围内。　□符合　□不符合 2．市电网输入电压应正常，其波动应在额定电压±7%的范围内。　□符合　□不符合 3．空气中不应含有腐蚀性、易燃性气体及导电尘埃，特种电梯工作环境中的腐蚀性、易燃性气体及导电尘埃含量不应该超过该电梯的额定指标。　□符合　□不符合 4．作业现场（主要指机房、轿顶、底坑）应清洁，不应有与电梯工作无关的物品和设备，相关现场应放置表明正在进行作业的警示牌。　□符合　□不符合	
本次保养过程中发现的事故隐患及处理方式：	
要求增加的保养项目及故障描述、配件更换记录：	
更改下次保养时间的原因：	

三、成果展示

小组代表介绍本小组的保养思路、不足，以及团队合作情况。

四、学习评价

在本学习活动中，学生通过查阅资料，了解了电梯年度保养项目的要求及方法，完成了对机房空间、轿厢空间、层站空间、井道及底坑空间的年度保养。根据活动过程评价表（见表16-7）中的评价要点，开展自评、互评、教师评工作。

表16-7　活动过程评价表

姓名：　　　　　　组别：　　　　　　日期：

序号	评价要点	配分	自评	互评	教师评	总评
1	能对机房空间进行年度保养	10				
2	能对井道及底坑空间进行年度保养	40				
3	能对轿厢空间进行年度保养	25				
4	能对层站空间进行年度保养	15				
5	能体现团队合作意识	10				
小结与建议：